JN007959

電気設備の絶縁診断入門

江原　由泰
江藤　計介　共著
末長　清佳

コロナ社

ま　え　が　き

電気設備の信頼性は，絶縁の良否で決まるといっても過言ではない。重要部位にもかかわらず，絶縁はきわめて地味な存在で，トラブルを経験して初めて，責任者はその重要性を認識する。絶縁とは「空気」のようなものである。

ひとたび，電気設備の絶縁が破壊して停電事故を引き起こすと，社会的波及は大きく，企業の経済的損失は甚大なものとなる。したがって，電気設備のメンテナンスは，社会的にも企業的にも重要であり，絶縁診断に関する技術の修得は意義深い。

電力用の電気設備は，電気的には共通して高電圧が課電されている。しかし，機械的には発電機や電動機などつねに動いている回転機や，変圧器やケーブルのように停止している静止器，さらにときどき作動する開閉装置などさまざまである。したがって，電気設備はそれぞれの目的に合った仕様により，形や大きさなどの構造が異なり，適用される材料も異なっている。そして，各電気設備の絶縁材料は，製造年代や電圧階級ごとに変遷を遂げている。天然材料から人工材料へ転換し，さらに高度に複合化して絶縁設計も変更となっている。一方，設計精度の向上により絶縁材料の厚さは薄くなったが，過負荷時の絶縁耐力は低下し，電気設備の寿命も短くなった。これら絶縁材料の変化に伴い，劣化部位や劣化モードが変わる場合があり，適用する絶縁診断も変更が必要となっている。

このような電気設備において，その絶縁診断を理解するには，対象とする設備の構造や絶縁材料の特性，さらには劣化メカニズムなどの専門知識が必要である。これらの知識を得るためには，電気設備の絶縁診断に関する技術を体系的にまとめた教本が必要となる。残念ながら現在，絶縁診断に関する出版物は少なく，特にこれらを初めて理解しようとする，技術者や学生にとっての良書はほとんどない。かつては，速水敏幸先生の著書『電気設備の絶縁診断』が出版され，多くの技術者が入門書として活用していた。著者らもこの本を読み，絶縁診断技術の修得に役立てていたが，すでに絶版となっている。速水先生が執筆されてからすでに20年以上経ち，その間に絶縁診断技術も大きく進歩している。このようなことから，著者らは電気設備の絶縁診断に関する入門書として，新たに本書を執筆することにした。

本書の対象者は電気主任技術者や保全技術者を目指す人たちで，特に一般企業の電力ユーザや電力会社の保守・点検従事者，電気設備メーカの設計者，メンテナンス会社の技術者らで，大学の博士前期・後期課程におけるテキストとしても活用できる。また，本書は絶縁診断技術に関する実用書やハンドブックなどの記載内容をよく理解するために，できるだけ専門用語や絶縁診断のポイントをわかりやすく解説している。

電気設備にとって適切な絶縁試験方法を選択し，精度の高い診断を行うためには，多くの現場経験も必要で，技術者の育成には長い年月を要することになる。それらを軽減するために，本書は著者らが電気設備の絶縁診断の現場において，見いだした経験を主体としてまとめたものである。

1章（江原由泰）では絶縁劣化診断の基礎として，絶縁材料の特性や劣化の要因，各電気設備に共通する代表的な診断技術などを解説した。2章（末長清佳）では，各電気設備の絶縁構造と劣化現象や診断技術の最新動向，そして絶縁抵抗試験の注意事項なども解説した。3章（江藤計介）では，実際に起こったトラブル事例を基に，現場で適用されている絶縁診断方法を解説し，絶縁劣化以外のトラブル事例も紹介している。さらに，各章には絶縁診断に関係する豆知識や，著者らが不思議に思ったことをコラムとして記載している。

2022年10月

著 者 一 同

本書に出てくる製品名は，各社の商標または登録商標です。本書では，™，®マークは明記しておりません。

目　　　次

1. 絶縁劣化診断の基礎

1.1 絶　縁　材　料……1

1.1.1 絶縁材料の特性……1
1.1.2 気体絶縁材料……5
1.1.3 液体絶縁材料……8
1.1.4 固体絶縁材料……9
1.1.5 複　合　絶　縁……11
1.1.6 絶　縁　破　壊……13

1.2 劣 化 の 要 因……15

1.2.1 電 気 的 劣 化……16
1.2.2 機 械 的 劣 化……16
1.2.3 熱　的　劣　化……17
1.2.4 環 境 的 劣 化……18
1.2.5 よくある劣化現象……19
1.2.6 部分放電劣化……23

1.3 絶縁劣化診断（各機器に共通する代表的な診断技術）……27

1.3.1 直　流　特　性……29
1.3.2 交　流　特　性……32
1.3.3 部分放電特性……34
1.3.4 ガ　ス　分　析……40
1.3.5 オフライン診断，オンライン診断……42

2. 電力機器・ケーブルの絶縁診断

2.1　電力ケーブル……44

2.1.1　電力ケーブルの絶縁構造と劣化……44
2.1.2　電力ケーブルの事故統計……50
2.1.3　電力ケーブルの診断技術……50
2.1.4　電力ケーブルの故障点標定技術……62

2.2　変　　圧　　器……65

2.2.1　変圧器の絶縁構造と劣化……65
2.2.2　変圧器の事故統計……67
2.2.3　変圧器の診断技術……67

2.3　回　　転　　機……76

2.3.1　回転機の構造と劣化……76
2.3.2　絶 縁 診 断 技 術……78

2.4　ガス絶縁開閉装置……90

2.4.1　ガス絶縁開閉装置の絶縁構造と劣化……90
2.4.2　GIS の事故統計……92
2.4.3　GIS の診断技術……92

2.5　遮断器および配電盤……94

2.5.1　絶　縁　抵　抗……94
2.5.2　部　分　放　電……96
2.5.3　化学的絶縁劣化診断法……103

3. 電気設備のトラブルと診断の実際

3.1　ケ　ー　ブ　ル……105

3.1.1　ケーブルの現場におけるトラブル事例……105
3.1.2　ケーブルの劣化要因と劣化プロセス……110
3.1.3　ケーブルの現場における診断方法……113

3.2　変　　圧　　器……118

3.2.1　変圧器の現場におけるトラブル事例……118
3.2.2　変圧器の劣化要因と劣化プロセス……121
3.2.3　変圧器の現場における診断方法……123
3.3　回　　転　　機……128
3.3.1　回転機の現場におけるトラブル事例……128
3.3.2　回転機の劣化要因と劣化プロセス……132
3.3.3　回転機の現場における診断方法……137
3.4　ガス絶縁開閉器……139
3.4.1　ガス絶縁開閉器の現場におけるトラブル事例……139
3.4.2　ガス絶縁開閉器の劣化要因と劣化プロセス……142
3.4.3　ガス絶縁開閉器の現場における診断方法……146
3.5　遮断器および配電盤……148
3.5.1　遮断器および配電盤の現場におけるトラブル事例……148
3.5.2　遮断器および配電盤の劣化要因と劣化プロセス……151
3.5.3　遮断器および配電盤の現場における劣化診断技術……154

引用・参考文献……158
索　　　引……162

1 絶縁劣化診断の基礎

電気設備の寿命を決定する要因の一つは絶縁材料の劣化である。劣化は，長期間にわたり電気設備を稼働して生じる現象である。絶縁材料は仕様により選択されるため，その種類は多く，電気設備ごとに製造年代や電圧階級によって異なる場合がある。絶縁材料自体やその構造，そして稼働時のストレスによっても，劣化の形態は変化する。また，電気設備の長期稼働により劣化が顕在化することがあり，設計時には想定しない劣化が発生する場合がある。絶縁材料の劣化状態を的確に把握するには，対象となる電気設備に使用されている絶縁材料の特性をよく理解し，適切な絶縁劣化診断を適用することが重要である。

1.1 絶　縁　材　料

電気設備に使用されている絶縁材料は，その形態から気体，液体，固体の3種類に分類される。実際には，3種類の絶縁材料を組み合わせた複合絶縁体（複合絶縁材料）として用いることが多い。

1.1.1 絶縁材料の特性

絶縁材料には電気を流さず電圧を維持する，絶縁性の特性がある。ただし，絶縁体に絶縁限界以上の高電界が加わると，絶縁性能を維持できずに絶縁破壊が生じる。大気圧空気において，平行平板電極のような電界の分布が一様な平等電界で，電極間隔が1 cm程度の場合，絶縁破壊電界は約30 kV/cmである。また，針–平板電極のような電界の分布が異なる不平等電界では約5 kV/cmである。一方，絶縁破壊以下の電界を長期間，絶縁材料に課電しても，絶縁性能が低下する劣化現象が生じる。この絶縁劣化現象については，1.2 節で述べる。

さらに，絶縁材料には電荷を蓄える誘電性の特性を持つ。絶縁体に電圧が印加されると，絶縁体中の正または負の電荷が移動する誘電分極が生じる。誘電分極には，**図 1.1** のような電子および原子が変位する変位分極と，双極子が配向する配向分極がある。物質中の原子に電界が加わったとき，原子核より軽い電子が電界によりプラスの方向に変位し，電子の分布が偏って分極が生じる。これが図（a）の電子分極である。また，正および負極性の原子が変位する現象が図（b）の原子分極（イオン分極）である。一方，分子内で双極子が存在する場合，双極子が電界方向に配向するために図（c）の配向分極が生じる。その他分極には，界面分極や空間電荷分極が見られることもある。

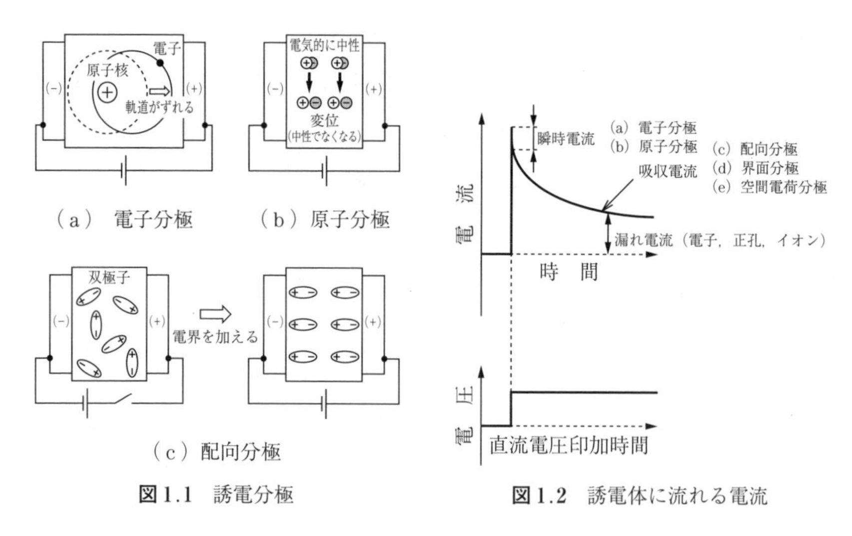

図 1.1　誘電分極

図 1.2　誘電体に流れる電流

誘電体に直流ステップ電圧を印加すると，**図 1.2** に示すような電流が流れる。電子や原子が関与する変位分極は時間応答が速く，瞬時電流となる。その後，比較的に時間応答が遅い配向分極などによる吸収電流が流れる。これらの分極による電流が終了すると，定常的な漏れ電流だけが流れる。この直流漏れ電流を計測した絶縁劣化試験法については，1.3.1 項で述べる。

絶縁材料に要求される特性には電気的特性，機械的特性，熱的特性，環境を含む物理化学的特性などがある。主要な絶縁材料の基礎特性を**表 1.1**[1)†]に示す。絶縁材料には気体や液体，固体の形態があり比重はさまざまであるが，比誘電率は低く，誘電正接は非常に小さく，抵抗率が非常に大きいことが特徴である。これら絶縁材料の特性を測定することにより，電気設備の劣化状態を評価することができる。

コラム 1.1　空間電荷とは何か？

空間電荷は，絶縁体の内部に正極性または負極性の，どちらかに偏って存在する電荷のことである。空間電荷が絶縁体内に存在すると，その電荷の周辺では電界が形成される。この空間電荷は，絶縁体内の電界分布を歪（ひず）ませることになる。つまり，外部から印加される電界よりも電界が強調されたり，緩和されたりする。そのため空間電荷は，絶縁体の電気伝導現象や絶縁破壊現象に大きく影響を及ぼすことがある。

気体中の放電現象では，電子が気体分子に衝突してイオンが発生する。イオンは電子に比べて移動速度が遅いため，放電空間に残留し空間電荷を形成する。高分子絶縁物に挿入した針電極に直流高電圧を印加すると，針電極と同極性の空間電荷が針電極近傍に蓄積する。十分な空間電荷が蓄積した状態で，針電極を接地すると，針電極先端から電気トリーが発生する。このトリーは接地トリーと呼ばれている（**図**参照）。

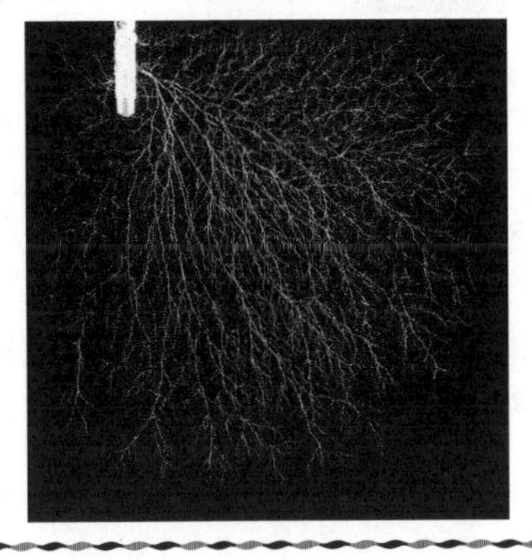

図　電子線照射により空間電荷を蓄積した後の接地トリー

† 肩付き数字は，巻末の引用・参考文献番号を表す。

コラム 1.2　火花放電と開閉サージ

火花放電（**図**参照）は気体が電子の増倍作用によって，非常に短時間に導電率の高い電離プラズマとなり，電極間を短絡する現象であり，フラッシオーバともいわれている。平行平板電極のような平等電界下の大気中で，ギャップ 1〜2 cm とすると，火花放電の発生する電界の強さは 29.0〜31.2 kV/cm である。この値は覚えやすく，「常温における大気中の火花放電は約 30 kV/cm で生じる」とよくいわれる。しかしながら，ギャップが 1 mm では約 46 kV/cm，0.1 mm では 95 kV/cm と，ギャップが狭くなると火花電圧は徐々に高くなることに留意する必要がある。

図　火花放電

スイッチやリレーなどのオン・オフ時に，火花放電が発生する場合がある。急激な電流変化と回路や配線のインダクタンスやキャパシタンスにより，接点に誘発される過渡的な異常電圧を開閉サージと呼ぶ。特に，遮断時の無負荷変圧器の励磁電流などを，電流零点前に強制的に遮断した場合，di/dt がきわめて大きくなるため，$L\ (di/dt)$ で定まる大きな過電圧が発生する。このサージ電圧のため，スイッチの接点間で火花放電が生じたり，インダクタンスと接点の浮遊静電容量による大きな減衰振動電流によって，熱や電磁波を放出したりすることがある。

表 1.1　絶縁材料の基礎特性[1)]

絶縁材料	比重〔g/mL〕	比誘電率	誘電正接（$\times 10^{-4}$）	体積抵抗率〔Ω·cm〕
SF_6	6.1×10^{-3}	1	–	–
絶縁油（鉱油）	0.88	2.2	10	7.6×10^{15}
クラフト紙（油浸）		3.5		
プレスボード（油浸）		4.4		
エポキシ樹脂（アルミナ充塡）	2.3〜2.5	5.9〜6.2	20〜50	10^{16}
エポキシ樹脂（シリカ充塡）	1.7〜1.8	3.8〜4.6	30〜200	10^{16}
長石磁器	2.3〜2.5	5.0〜6.5	170〜250	10^{13}〜10^{14}
XLPE	0.93	2.2〜2.6	2〜10	$>10^{16}$
マイカ	2.7〜3.1	6〜8	50	10^{14}〜10^{15}

1.1.2　気体絶縁材料

空気は優れた絶縁材料の一つである。先に述べたように，大気圧下で電極間隔が 1 cm 程度であると約 30 kV/cm の絶縁性能を持つが，絶縁間隙が狭い場合は絶縁性能が著しく低下する。**図 1.3** はパッシェン曲線（Paschen curve）

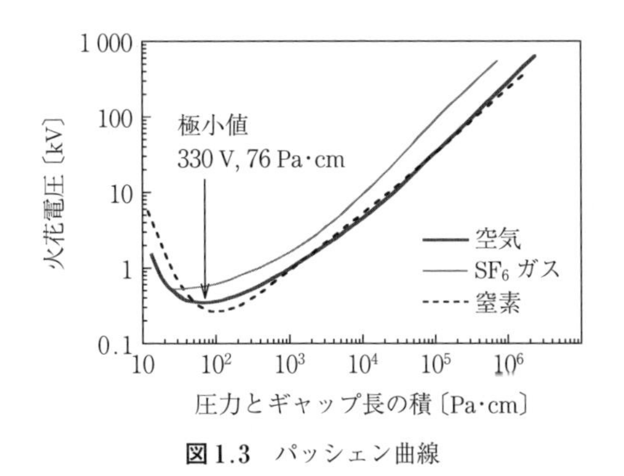

図 1.3　パッシェン曲線

コラム 1.3　SF_6 ガスは天然には存在しない

SF_6（六フッ化硫黄）は S 原子を中心として，6 個の F 原子が完全に対称に配置した正八面体の構造である（**図**参照）。SF_6 は，天然には存在しない。1900 年にフランスの化学者である Moissan と Lebeau が初めて合成した。その後 1937

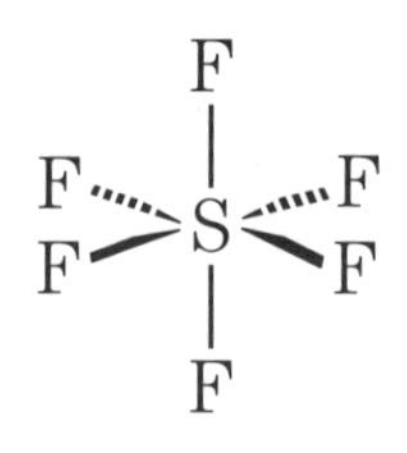

（a） 結合構造

（b） 分子モデル

図　SF_6 の分子構造

年に，アメリカの電気機器メーカであるゼネラルエレクトリック社の Charlton と Cooper が SF_6 の絶縁性能の優れていることを明らかにし，翌年絶縁物としての特許を出願している。

各種の気体の中で，SF_6 ガスは工業ベースで得られる最も実用性の高い絶縁材料で，0.1～0.6 MPa に圧縮して，GIS，ガス絶縁変圧器，GIL，ガス遮断器などの絶縁媒体や消弧媒体として広く用いられている。化学的に安定した不活性，不燃性，無色，無臭の気体で，生理的にも無毒・無害であり，また，腐食性・爆発性がない。さらに，SF_6 より絶縁耐力の高い気体の多くは低温では液化してしまうため，実用に適さないのに対し，SF_6 は液化温度が低いため，－20℃でも約 0.7 MPa まで気体状態を保つことができる。絶縁耐力は平等電界で空気の約 3 倍あり，0.2～0.3 MPa で絶縁油に匹敵する。

SF_6 を用いるガス絶縁の利点は，液体（油）絶縁と比べ誘電率が低く，損失が少なく，不燃性で取り扱いやすいことである。その代わり，SF_6 に限らずたいていの気体に共通する欠点でもあるが，冷却能力が液体にはるかに及ばない。変圧器，特に高電圧大容量の変圧器がいまなおほとんど油絶縁なのはそのためである。

SF_6 の絶縁破壊特性はつぎのような特徴がある。① 最大電界依存性が強く，絶縁破壊電圧は最大電界で決まる。したがって，不平等電界における絶縁破壊電圧は著しく低下する。② 絶縁破壊の電圧-寿命（V-t）特性はガス圧や電極形状などの影響を受ける。消弧能力は非常に高く，空気の約 100 倍ある。これは導電アークから絶縁状態へ回復する能力が優れているためである。

GIS 内部での部分放電や遮断器などの遮断・開閉時のアークにより，SF_6 は分解ガスを発生するが，大部分の分解ガスは再結合し SF_6 に戻る。しかし，ごく微量の分解ガスが残る。SF_6 と接点材料（Cu や W）との反応で SF_4 が発生する。SF_4 はガス中の水分と反応して HF や SO_2 が発生する。

と呼ばれ，平等電界における火花放電する電圧（絶縁破壊電圧 V_s）と pd 積（p：雰囲気圧力，d：電極間距離）をプロットしたものである。この特性は火花電圧が極小値を取る特徴がある。空気においては pd が 76 Pa･cm で，330 V が最小値となる。大気圧空気では，パッシェン曲線の最小値において d を計算すると 7.5 µm となる。電極間距離が小さくなると火花放電の発生電界は大きくなるが，d=7.5 µm，V_s=330 V では火花放電の発生電界は 440 kV/cm となり，放電するには高電界が必要となる。

窒素も不活性な中性の気体であり，絶縁媒体としての検討もされてきたが，絶縁耐力は空気よりわずかに低い。電気的負性気体である SF_6 ガスは優れた絶縁気体であり，その火花電圧は，大気圧で空気の 2～3 倍，数気圧に圧縮すると空気の 10 倍程度の絶縁耐力を有する。また，SF_6 ガスはアーク放電などを消弧する能力も高く，ガス絶縁機器の絶縁媒体として広く利用されている。一方，局部高電界下では，絶縁耐力が著しく低下し，さらに温室効果ガスであることなどの問題も有している。最近では SF_6 代替ガスとして，ドライエアガスなどがガス絶縁開閉装置（gas insulated switchgear：GIS）などに使用され始めている。

パッシェン曲線の極小値より右側では，pd 積が大きいほど火花電圧が高いため，GIS やガス遮断器などは大気圧より高いガス圧力としている。一方，パッシェン曲線の極小値より左側では，pd 積が小さくなると急激に火花電圧が高くなる。これは気圧の低下によりガス密度も小さくなり，電子の衝突電離が起こりにくくなることや，電極間距離が小さくなりすぎて，電子雪崩が十分に発達しないためである。高真空は非常に良い絶縁媒体の一つと考えられ，遮断器などに真空絶縁が採用されている。気圧を下げた場合は，電極や容器からの微量なガス放出が真空度に影響を与える。ガス放出は時間に依存するため，経年変化により大きく変化するため，真空絶縁には真空度の確認が必要となる。

気体中の放電は外観上あるいは電圧電流特性上から，種々分類されている。その一例として**図 1.4** に，放電の分類と様相を示す。ここでは，一部分で放電

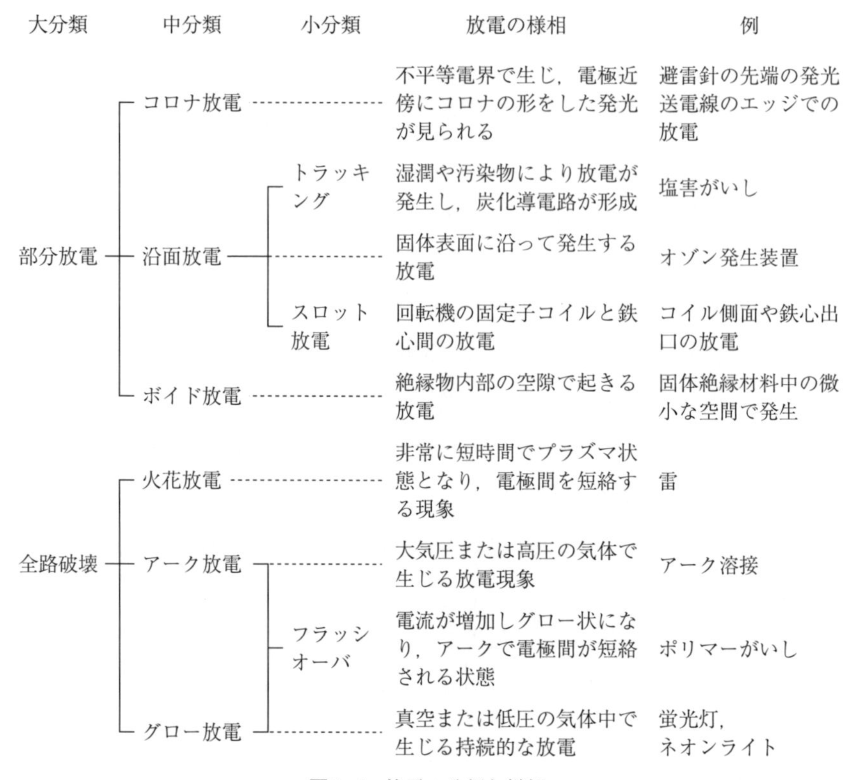

図 1.4 放電の分類と様相

する部分放電と，電極間全体で放電する全路破壊に大別している。電気設備の劣化においては，初めに部分放電が発生し，やがて全路破壊の放電に移行する場合が多い。

1.1.3 液体絶縁材料

液体絶縁材料の絶縁油は，気体に比べ絶縁耐力が高く，油入変圧器や計器用変成器，リアクトル，電力用コンデンサなどに使用されている。一般的な絶縁油としては，鉱油系絶縁油と合成絶縁油がある。鉱油系絶縁油は飽和鎖状化合物の割合が多いパラフィン系油（paraffinic oil）と，環状構造を持つ飽和炭化水素の割合が多いナフテン系油（naphthenic oil）に大別される。パラフィン系油とナフテン系油の電気・化学的性能は，産油地域や生成方法により異なるが，一般にパラフィン系のほうが粘度は高く引火点も高い。逆にナフテン系は流動点が低く，添加剤が溶けやすい特徴を有している。また，二重結合を有する鎖状炭化水素の割合が多いオレフィン系炭化水素は絶縁油の劣化の原因となるので，できるだけ除去されている。

シリコーン油（silicone oil）は不燃性の絶縁油として使用されていたポリ塩化ビフェニル（polychlorinated biphenyl：PCB）の製造が禁止され，その代替絶縁油として開発された。シリコーン油はケイ素と酸素からなるシロキサン結合（Si-O-Si）を骨格とし，分子量が比較的小さく，人工的に製造される常温で油状の物質である。シリコーン油は難燃性であるとともに，低温における流動性も兼ね備えている。一方，鉱油系絶縁油と比べ，粘度が高く熱膨張係数が大きく吸湿性が高い短所がある。近年では難燃性と動粘度特性を兼ね備えた低粘度シリコーン油も使用されている。

環境負荷低減として，植物油系絶縁油が注目され始めている[2)]。植物由来の絶縁油は菜種油やパーム・ヤシ油などを用いたエステル油（ester oil）の使用が増加しつつある。植物油は鉱油と比較して，一般的に引火点や燃焼点が高く，硫黄分をほとんど含まないため硫化銅問題がなく，体積抵抗率が鉱油に比べて低いなどの特長が挙げられる。また，植物油を原料とした油であるため枯渇の心配がない。エステル油としては，石油由来の合成エステル油もあり，エステル基を有するため，鉱油と比較して誘電率や誘電正接が高い傾向にある。

1.1.4　固体絶縁材料

固体絶縁材料の多くは気体や液体に比べ絶縁耐力が高く，無機絶縁材料と有機絶縁材料に大別される。無機絶縁材料は一般に有機絶縁材料に比べ，耐熱性や機械的硬度，安定性などにおいて格段に優れているが，繊維性のあるアスベスト，ガラス繊維やへき開性のあるマイカ（mica）などの例を除けば，もろく加工しづらい。一方，有機絶縁材料は可塑性に富み，加工性は優れているが，硬さ，耐熱性などにおいて難点がある。

無機絶縁材料には，耐熱性や機械的強度および安定性に優れたマイカ，高周波あるいは高温下での絶縁性に優れた磁器，繊維質材料のセルロース紙などの絶縁紙などが挙げられる。マイカは，主として回転機の高電圧コイルの主絶縁に使用されている。磁器はがいしやがい管（ブッシング）の主材に，セルロース紙は油浸絶縁物として変圧器や電力ケーブル，コンデンサなどで，プレスボードは油浸の構造絶縁物として変圧器などで，従来からよく用いられている。

コラム 1.4　マイカが回転機の主絶縁に使われるのはなぜ？

マイカ（雲母）は層状ケイ酸塩鉱物の無機材料で，主成分は SiO_2，Al_2O_3，K_2O および結晶水である。マイカは鱗片（りんぺん）状に剝がれやすく，電気絶縁性，耐熱性，機械的強度に優れ，かつ耐部分放電特性や耐トラッキング特性が良い。電気絶縁材料として使用されるマイカは硬質および軟質マイカで，硬質マイカは軟質マイカに比べて硬度が高く，電気絶縁性も優れている。

回転機のように装置が大型で機械的ストレスが厳しい機器では，ボイドなどの欠陥が生じやすい。このため，回転機の絶縁材料としては，有機材料より耐部分放電特性の高い無機材料のマイカが，主材料として使用されている。

1950年頃までの回転機巻線の絶縁には，マイカをへき開面で剝がした箔片を和紙などに，アスファルトやセラック系の天然樹脂で貼り合わせたものを使用していた。1960年代からは，良質のマイカ資源の枯渇や剝がしマイカの厚さの不均一さが問題となり，マイカテープに樹脂を含浸させた方式が適用されている。マイカテープは，天然マイカを細かく鱗片状に加工して紙状に抄造した集成マイカと，ガラス布やプラスチックフィルムなどの補強材を接着剤で貼り合わせたものである（**図1**，**図2**参照）。接着剤も，天然樹脂からエポキシ樹脂やポリエステル樹脂などの合成樹脂に代わり，耐熱性が向上した。

図1　マイカテープ

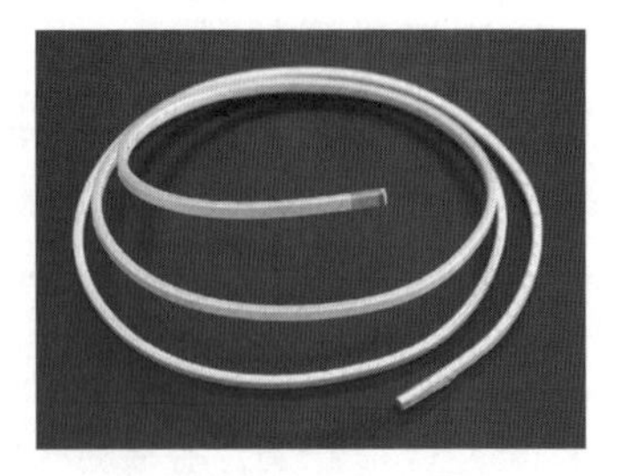

図2　マイカ絶縁した巻線

有機絶縁材料には，ポリエチレン（polyethylene）などの熱可塑性材料やエポキシ樹脂（epoxy resin）などの熱硬化性材料，およびゴム系材料などがある。高温度になると融解し，冷却すると硬くなり，加工性に優れた熱可塑性材料として，ポリエチレンはCVケーブル（cross-linked polyethylene insulated vinyl sheath cable）の主絶縁に，ポリ塩化ビニル（polyvinyl chloride：PVC）はCVケーブルのシース（防食層）などに用いられている。硬化剤を加え，熱もしくは触媒により硬化させ，成形品とする熱硬化性材料には，エポキシ樹脂やフェノール樹脂（phenol resin，ベークライト）などがある。エポキシ樹脂は，回転機の高電圧コイルの充填剤として，モールド変圧器やGISのスペーサにおいて注型絶縁物としてよく用いられている。フェノール樹脂は紙もしくは布を基材とした積層板として用いられることが多く，配電盤や変圧器，遮断器，絶縁用端子板などに使用されている。また，許容温度155℃に耐える材料で構成される（F種絶縁）ものとして，耐熱性に優れたポリイミド（polyimide）やポリアミドイミド（polyamidimide）などはフィルムや積層品に用いられている。弾力性が高いゴム系絶縁材料には，天然ゴムとエチレンプロピレンゴムやシリコーンゴムのような合成ゴムがある。これらのゴム絶縁材料は電力ケーブルの接続部などによく用いられ，ポリマーがい管としても採用され始めている。

1.1.5　複　合　絶　縁

電気設備には，異なる性質と機能を有する複数の材料から構成された複合絶縁材料がよく用いられている。一般に，高分子複合材料は主成分や添加剤，補強材などから構成されており，フィルム状の材料を多層構造としたように各成分は接着している。主成分としての高分子絶縁材料は，熱硬化性樹脂，熱可塑性樹脂，耐熱性樹脂，ゴム，プラスチックフィルム，クラフト紙など多くの種類がある。添加剤には，成形加工時の高温や使用時の紫外線劣化防止に対する高分子用安定剤と，機械的強度を高めたり柔軟性・耐熱性・難燃性など，新たな性質を付与したりする機能付与剤に大別される。複合絶縁材料は，さらに無機化合物や高分子化合物，金属で形成された補強材で加工されたものがある。

実際に，電気設備に使用されている複合絶縁材料の例をつぎに述べる。

① **マイカテープ**（マイカ／接着剤／補強材）　高電圧回転機絶縁には電気絶縁性や耐熱性，耐部分放電性の優れたマイカテープが使用されている。マイカテープは，細かいマイカとガラス布やプラスチックフィルムなどの補強材を，接着剤で貼り合わせたものである。

② **ラミネート紙**（紙／高分子フィルム）　超高電圧油入ケーブルにおいては絶縁体の低損失化と絶縁厚の低減のため，プラスチックフィルムとクラフト紙をラミネートして積層一体化したラミネート紙が使用されている。

③ **充填剤添加エポキシ樹脂**（エポキシ樹脂／無機粒子）　機器絶縁用のエポキシ樹脂成形品には，主として樹脂成形品の熱膨張率を金属のそれに近付けて熱応力を低減する目的で，アルミナ，シリカ，炭酸カルシウムなど多量（50〜60 vol%）の無機充填剤（フィラー）が添加されている。

④ **繊維強化成形材料**（樹脂／繊維）　ガラス繊維強化プラスチック（fiber reinforced plastics：FRP）は繊維を強化材として使用した複合材料であり，例えば回転機のスロット絶縁や層間絶縁，避雷器の強度材料としてFRP筒が使用されている。

実際の電気絶縁においては，単一の複合材料だけでなく，異なる機能の材料を組み合わせて複合絶縁システムを構成することが多い。以下に，電気設備における複合絶縁システムの代表例を述べる。

① **半導電層システム**　CVケーブルでは，主絶縁であるポリエチレンと内部・外部導体の間の隙間を埋めて部分放電を抑制するためや，電界を緩和するための半導電層が設けてある。また，回転機の固定子では，コイルの主絶縁表面とスロット間での放電を抑制するために，半導電性材料を主絶縁表面に巻いたり，コイル端部の電界緩和を目的として，非線形抵抗特性を持つ電界緩和層が施されたりしている。

② **マイカレジンシステム**　回転機の固定子巻線の主絶縁は，エポキシ樹脂とマイカテープから構成されており，耐熱性と電気絶縁性の両立が図られて

いる。マイカテープを巻いた後，エポキシ樹脂を真空含浸する方式や，あらかじめエポキシ樹脂を十分に含ませたマイカテープを導体に巻き，加熱・加圧するレジンリッチ方式がある。

③ **油浸絶縁システム**　絶縁油を入れているケーブルや変圧器，コンデンサなどは，従来からよく使われている絶縁紙と絶縁油の複合絶縁システムである。絶縁紙は油浸紙と呼ばれ，油が含浸された状態で使用される。絶縁油を脱気・脱湿状態で充塡し，大気圧以上の圧力を常時加えて，ボイド（空隙）欠陥を除去し，外部からの水分や空気の浸入も防止している。油入変圧器では，絶縁油は巻線の冷却と電気絶縁を兼ねている。

1.1.6 絶 縁 破 壊

絶縁体に絶縁耐力以上の高電界が印加されると，絶縁状態を保つことができなくなり，大きな電流が流れる。この現象を絶縁破壊という。気体の絶縁破壊は放電現象によるものがほとんどである。電極間に電圧を印加し徐々に上げると，**図 1.5** に示したように，初めは電圧とともに電流が比例するオームの法則に従う（領域 A）。この領域では電界によるイオンの移動速度により制限された電流が発生している。つぎの領域 B では，電流はイオンの生成速度が律速となり，電圧を上げても電流は一定となり，飽和電流が流れる。さらに電圧を上昇すると，電界により電子は加速され衝突電離が生じ，電流は指数関数的に増加する。この領域 C では電流の急増とともにギャップ間の電圧が降下し，負性抵抗を示す特性となる。このように，気体の絶縁破壊では放電電流が急増

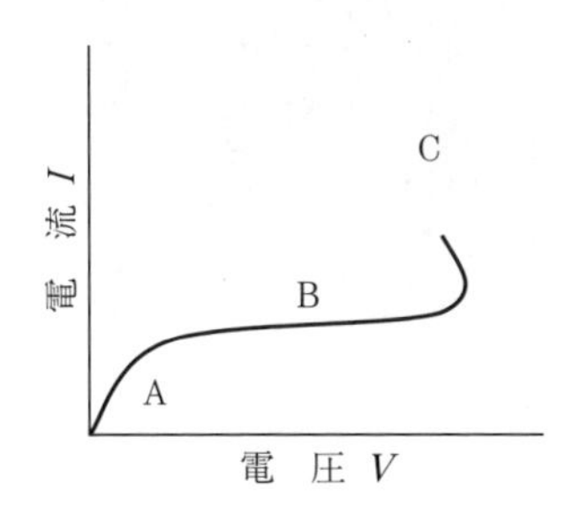

図 1.5　気体の放電電流

コラム1.5　コロナ放電とストリーマ

コロナ放電は気体内で針–平板電極のように不平等電界で，金属電極近傍において発生する放電で，電流が増加し火花放電が起こる前に現れる発光を伴う放電である。放電外観が太陽の表面大気と似ているため，コロナ放電と名付けられた。電極間が放電により短絡されていないため，部分放電の一種である。

コロナ放電は印加電圧が高くなると伸長し，最終的に全路破壊（火花放電）に至る。正コロナ放電が火花放電に移行するまでには，印加電圧や電流の大きさにより① 暗流（0.1 μA 以下），② グローコロナ（数 μA 程度），③ ブラシコロナ（10 μA 程度），④ ストリーマコロナ（～数 mA）と形態が変化する。一方，負コロナ放電では，① 暗流，② トリチェリパルス，③ 無パルスコロナ（負グロー）と形態が変化する。

不平等電界では，電子雪崩によって作られる電荷が形成する空間電荷電界が強くなる。また，雪崩の継続的進展に伴って背後に正・負電荷の混在する導電路を形成する。この導電部分はプラズマ状態であり発光が見られ，このような形状の放電路をストリーマと総称している。正電極側から負電極方向へ伸びる正ストリーマは，その先端には正イオンが数多く存在している（**図**参照）。負電極側から伸びる負ストリーマ先端には負イオンが数多く存在し，空間電荷を形成している。電界や電極間隔が大きいと，負ストリーマが発生する。

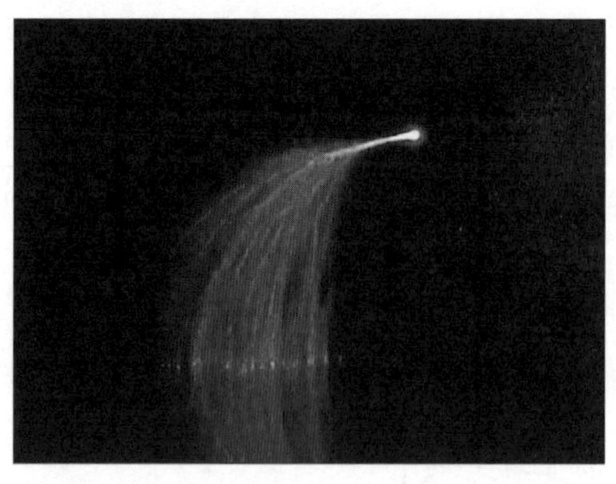

図　ストリーマが発生している正コロナ放電

し，電圧を維持できなくなる状態となる。

放電ギャップ空間が比較的平等電界の場合，コロナ放電（corona discharge）を経由した絶縁破壊は起こらず，絶縁破壊電圧を超える電圧が印加されるとただちに火花放電が発生して，絶縁破壊が生じる。一方，針-平板電極のような不平等電界では絶縁破壊が起こる前に，コロナ放電が生じる。コロナ放電は印加電圧の極性や放電電流，ギャップ長の影響により形態が変化し，その破壊特性は複雑である。

液体絶縁体の絶縁破壊機構に関しては，電子的破壊理論および気泡的破壊理論の二つに大別される[3)]。前者は液体分子が解離し，導電性を帯びた状態になることを意味しており，後者は液体中に存在する気泡内部での気体放電に基づいた理論である。また，液体中では部分放電の存在領域は狭く，極端な不平等電界でないと直接破壊が生じることが多い。部分放電の発生は気体中の場合よりも間欠性が著しく，その発生機構は，① 針電極先端における電流注入，② ジュール熱発生，③ 気泡生成，④ 気泡中の放電，として考えられている。

固体絶縁材料の絶縁破壊理論は電子的過程，純熱的過程，電気・機械的過程に基づく理論に大別[4)]されている。電子的過程は電子がおもに破壊を支配するもので，破壊は1 μs 以下の短時間で完結する。純熱的過程では，誘電体に電界が印加された場合，伝導電流によって生じるジュール熱や交流電界による破壊である。誘電体損失の割合が誘電体内での熱拡散より大きくなり，熱的不平衡となり絶縁破壊する形式である。電気・機械的過程は電圧印加に伴う電極間圧力（マクスウェル応力）によって，固体に機械的な圧縮が関与する破壊である。

1.2 劣化の要因

劣化とは，材料やシステムの機能が使用環境の下で，特性・性能が経時的に低下する現象である。電気設備に使用される絶縁材料は電気絶縁特性のほかに，構成部材としての役割を果たす場合が多く，機械特性や高い温度特性などを要求される場合がある。絶縁材料が長期にわたって使用されるとさまざまな要因で劣化する可能性がある。おもな劣化要因としては，**表 1.2** に示した電気的要因，機械的要因，熱的要因，環境的要因がある。

表 1.2　劣化要因

ストレス	要　　　因
電気的	交流長時間ストレス，雷サージ，開閉サージ侵入レベル，サージ印加頻度，重畳電圧，負荷の種類（短時間過電圧，高調波），帯電
機械的	短絡機械力，振動，熱的伸縮
熱　的	負荷率，過負荷，周囲温度（気象），局部過熱
環境的	水分の浸入，酸素との接触，異物の混入，複合ストレス

1.2.1 電 気 的 劣 化

電気設備中の絶縁材料やそれに接する通電部に電界が印加されることで生じる劣化であり，以下の要因が考えられる。

① 伝導電流によるジュール発熱で熱劣化が促進される。

② 交流電界下では誘電体損による発熱で熱劣化が促進される。

③ 高電界下で高分子絶縁体中に欠陥として存在する気体部分，液体部分にて放電が発生する。この放電により局所過熱，粒子衝突，放電により生じる励起分子やイオンによる化学作用により材料の劣化が生じる。

1.2.2 機 械 的 劣 化

引張り，圧縮，ずり，曲げ，それらの複合による機械的応力や振動などが中心で，これらは外来的な機械力以外に，熱膨張係数の相違による熱歪み力，短絡大電流による電磁応力などが劣化要因になる。また，機械的な劣化要因は，一定応力下におけるクリープ（塑性変形），一定変形下での応力の低下（緩和），繰返し応力下での疲労などである。

1.2.3 熱 的 劣 化

熱的ストレスは温度上昇を促し，酸化劣化などの化学反応を促進する。つまり劣化の速度増大を意味し，絶縁材料の寿命を短縮する大きな劣化要因となる。液体や固体の絶縁材料が高温下で使用されると分子鎖の結合が切断され，化学結合が変化する。この過程は酸素の有無により異なる。特に高分子絶縁材料の場合は，熱や水分などにより徐々に劣化し，機械的な強度も低下する。

化学反応は，温度が高くなると反応速度は速くなるが，反応速度は活性化エネルギーと絶対温度に関係し，以下のアレニウスの式（Arrhenius equation）で表される。

$$k=A\exp\left(-\frac{E_a}{RT}\right) \tag{1.1}$$

ここで，k：反応速度定数，A：定数，E_a：活性化エネルギー，R：気体定数，T：絶対温度〔K〕である。活性化エネルギーは，それぞれの材料固有の値である。

高分子絶縁材料の寿命は非常に長いため，寿命予測などに加速試験が行われる。最も一般的な熱劣化の加速試験は，アレニウスの式を利用する方法である。劣化現象が単一の素反応として取り扱え，熱を劣化因子としたときに成立する方法である。寿命と速度定数は逆数関係にあるので，アレニウスの式を寿命で書けば

$$L=A'\exp\left(\frac{E_a}{RT}\right) \tag{1.2}$$

となる。ここで，L：寿命〔時間〕である。両辺の対数を取ると

$$\ln L=A''+\frac{E_a}{RT} \tag{1.3}$$

となる。この方法では**図 1.6** に示すように，高温で材料の短期間の絶縁寿命を計測して，使用温度における長期間の寿命予測を行うものである。

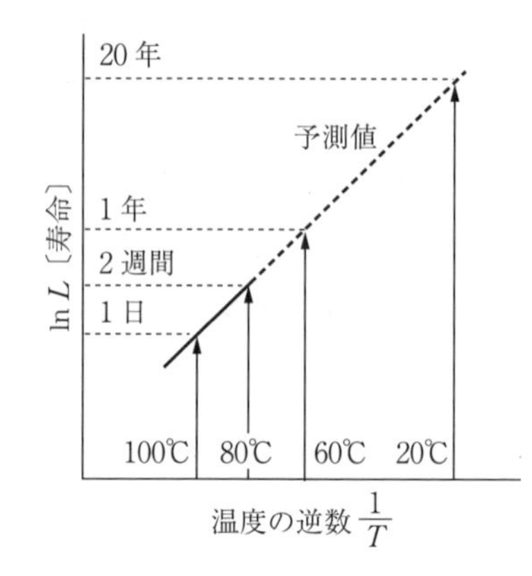

図1.6 熱劣化による寿命のアレニウスプロット

1.2.4 環境的劣化

固体絶縁材料表面に，化学薬品や塵埃（じんあい），海岸に近い場所での塩分を含む雨風などの付着があると，それらが吸湿してイオン化し，表面の導電性が高くなることがある。その結果，表面の絶縁抵抗が低下し，漏れ電流の発生・増加，部分放電の発生，そしてトラッキング（tracking）の発生へと至る場合がある。

特に高分子絶縁材料中にエーテル結合，エステル結合，アミド結合などが含まれると，吸湿により加水分解が生じやすい。加水分解により高分子絶縁材料表面が吸湿しやすくなり，表面の絶縁抵抗が低下し，漏れ電流や部分放電が発生しやすくなることもある。また，高分子絶縁材料は太陽光に含まれる紫外線により劣化し，物性の低下や外観変化が生じる。屋外機器に用いられるシール材のガスケットやパッキンは経年劣化によりもろくなり，液漏れやガス漏れの原因となる場合がある。

その他，小動物やシロアリなどが原因で生じる劣化は，環境的な要因に起因する。また，宇宙空間や原子炉内など，高エネルギー放射線環境下においては物理的・化学的劣化が促進される。

以上，電気的・機械的・熱的・環境的な要因を解説した。**表1.3**[5]には主要な絶縁材料と，それらが適用される電気設備，ならびに劣化要因の関係を示す。ここに示すように，単一の要因で劣化する電気設備は少なく，多くの場合

表1.3　電気設備の劣化要因例[5)]

絶縁材料		特長	適用されるおもな電力設備	劣化要因			
				電気的	機械的	熱的	環境的
気体	空気（真空）	利便性	送電線			○	
			真空遮断器	○			
	SF_6 ガス	高耐電界 高消弧性	ガス変圧器		○		○
			ガス絶縁開閉装置	○	○		○
			ガス遮断器	○	○		○
液体	絶縁油	高耐電界	油入変圧器	○			○
			電力用コンデンサ				○
			OF ケーブル	○	○	○	○
固体	無機材料 有機高分子材料	高耐電界 高強度 高耐熱	油入変圧器（絶縁紙）	○		○	○
			電力用コンデンサ	○		○	
			乾式／モールド変圧器	○	○	○	○
			キュービクル部品	○	○	○	○
			回転機	○	○	○	○
			CV ケーブル	○	○	○	○

は複数の要因により劣化が進展する。

1.2.5　よくある劣化現象

劣化が進展すると，絶縁材料は組成や構造が変化する。高分子絶縁材料では，紫外線や熱，放射線などによる酸化劣化により，ラジカルを発生して分解反応が進み，材料内にカルボニル基などの光を吸収する物質（発色団）が生成すると変色する。また，劣化条件により架橋反応が生じると，分子量が大きくなるとともに硬くなり，そしてもろくなる。また，一方では軟らかくなり，低分子化する場合もある。長期間のストレスにより絶縁材料の劣化が進展すると，絶縁材料特有の劣化現象が発生する。以下には，電気的ストレスによる代表的な固体絶縁材料の劣化現象について解説する。

〔1〕 電 気 ト リ ー

放電により絶縁破壊した固体絶縁材料中には，樹脂状の劣化痕が見られる。この形状が樹枝状であることから電気トリー（electric tree）と呼ばれ，**図1.7**

図 1.7　アクリル樹脂中の電気トリー

に示すような外観である。電気トリーは固体絶縁体中の金属突起や異物，ボイドなどが原因となる。それらの欠陥部分に局所的な電界が集中し，その局部電界が絶縁体の破壊強度を超え，瞬時に電気トリーが発生・伸展して破壊する場合がある。また，それよりきわめて低い電界が長い期間にわたり印加されて，劣化により電気トリーが発生する場合がある。低電界長時間課電による劣化では，注入電荷が高電界により加速されて，分子鎖切断を繰り返すことにより微小な空隙が徐々に形成され，その内部で放電が発生しトリー管が成長する。トリー管は直径 0.1〜数 μm 程度の細長いパスであり，このパスの内部で放電が発生し，細長いパスが枝分かれして電界方向に伸びる。電気トリーが伸展し電極間を短絡すると，全路破壊となり絶縁体としての機能を失う。

低電界長時間課電のトリーの発生と伸展状況は**図 1.8** に示すように，トリー発生までの潜伏期とその後のトリー伸展期とからなっている。この破壊前駆現象である電気トリーは，潜伏期間に比べ伸展期間が非常に短い。そのため，電気機器によっては，電気トリー発生の予兆を検出することが重要となる。

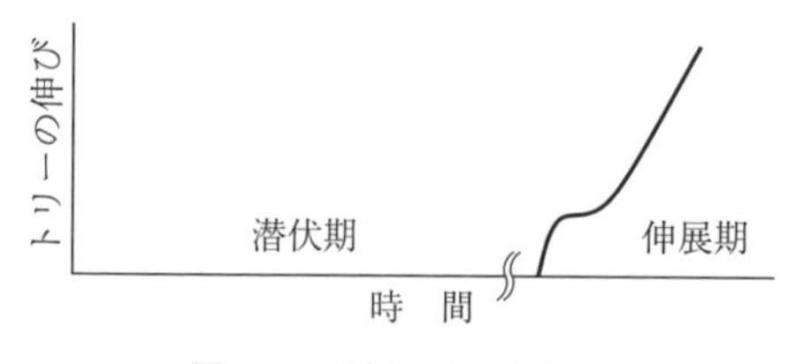

図 1.8　電気トリーの伸展

〔2〕 水 ト リ ー

現在の電力ケーブルは，主絶縁材料にポリエチレンを用いた，CV ケーブルが主流となっている。このCV ケーブル特有の劣化が水トリー（water tree）という現象である。水トリー劣化とは，ケーブル絶縁体周辺の水分と局部的な電界の集中が原因で，絶縁体に白い樹枝状の欠陥が発生する絶縁劣化現象である。**図 1.9** に水トリーの形状を示すが，水トリーが絶縁体を貫通したものを橋絡水トリー（図（a）参照）と呼び，橋絡するとケーブルの絶縁性能が大きく低下する。また，貫通してないものは未橋絡水トリー（図（b）参照）と呼ばれている。水トリーは内部半導電層から発生するものを内導水トリー，外部半導電層から発生するものを外導水トリー，そして絶縁体中の異物やボイドから発生する蝶ネクタイに似たボウタイ（bow tie）状水トリー（図（c）参照）の三つに分類される。一般的にボウタイ状水トリーの伸展速度は遅く，橋絡水トリーでは内導水トリーや外導水トリーがよく見られる。

（a） 橋絡水トリー[6)]

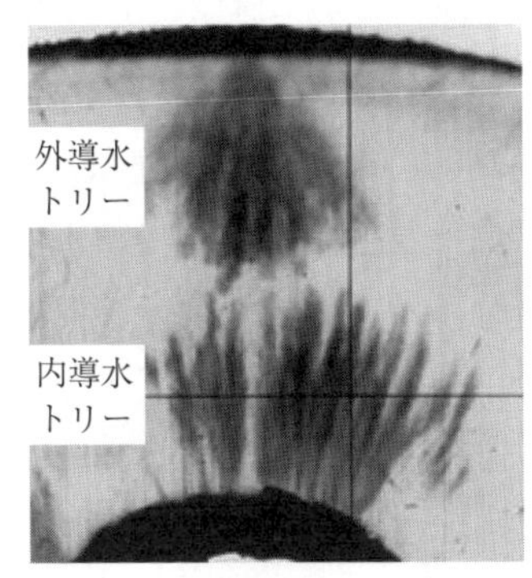

（b） 未橋絡水トリ （大電株式会社蒲原氏より写真提供）

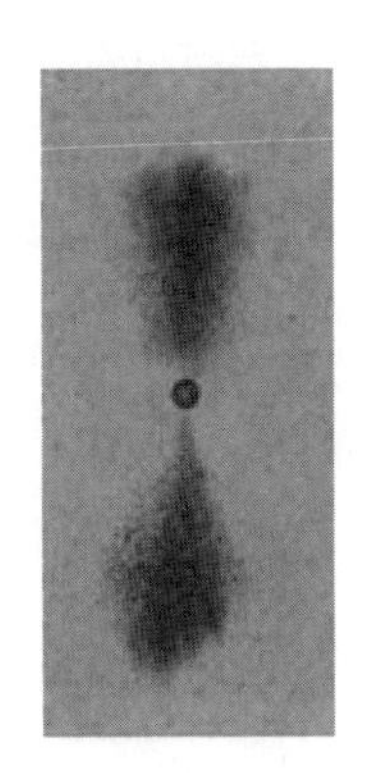

（c） ボウタイ状水トリー[6)]

図 1.9 水トリーの形状

水トリーの先端に部分放電が発生すると，電気トリーが発生・伸展し絶縁破壊に至ることがある。橋絡した内導水トリーで電気トリーが発生したケーブルを**図 1.10** に示す。この写真は絶縁破壊直前のケーブルをスライスし，メチレンブルーで染色したものである。水トリーが伸展する際は，トリー内は水で満

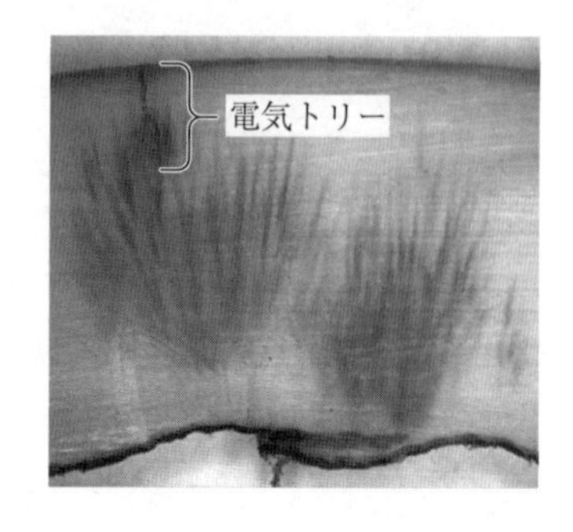

図 1.10　水トリーから発生した電気トリー（大電株式会社蒲原氏より写真提供）

たされており白い樹枝状に見える。しかしながら，乾燥すると水トリーは見えなくなる。乾燥した水トリーは，長時間水につけて水分を供給すると再現することができる。

〔3〕 トラッキング

固体絶縁物表面上の沿面方向に電界が存在すると，炭化導電路を形成し，沿面方向の絶縁性能を低下させる場合がある。この現象はトラッキングと呼ばれ，絶縁材料の表面の湿潤や塩分，塵埃，化学薬品（合成洗剤など）などの汚染を原因とする。**図 1.11** にトラッキング劣化の発生メカニズムを示す。図（a）では湿潤などにより絶縁材料の表面抵抗が低下し，材料表面に沿って電流が流れる。図（b）では電流によるジュール熱により，材料表面が局部的に加熱される。そして，一部が乾燥してドライバンドが形成し，漏れ電流が遮

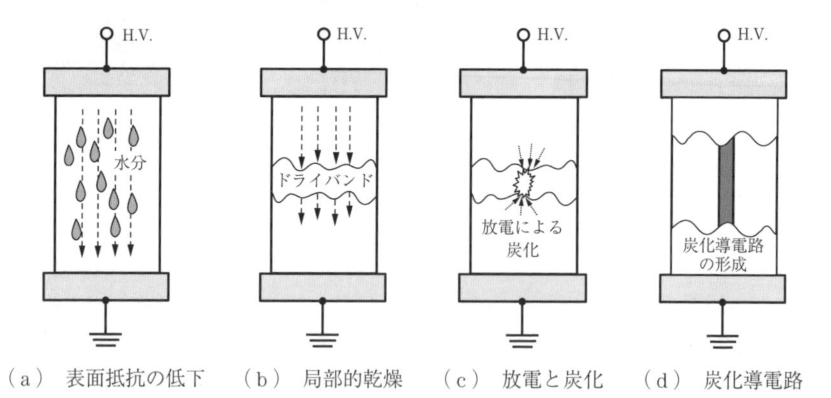

図 1.11　トラッキング劣化の発生メカニズム

断される。図（c）では遮断部分の分担電圧が増加し，局部的な微小放電（シンチレーション）が発生する。この放電劣化により，絶縁材料表面に含まれる炭素が遊離炭素となり，炭化導電路（トラック）が形成される。図（d）では炭化導電路が成長し全路破壊に至る。

1.2.6 部分放電劣化

電気設備などにおける部分放電（partial discharge：PD）現象は，絶縁材料を劣化させて絶縁破壊の原因となる場合がある。部分放電は，導体間にある絶縁体において，局所的な高電界により生じる局所的な放電現象である。部分放電には，気体中の放電や液中放電および固体中のボイド放電（void discharge）などがある。例えば，絶縁材料中に熱や機械的ストレスがかかり，ボイド（微小な空隙）やクラック，剥離などが生じると部分放電の発生要因となる。部分放電は絶縁体の一部で発生するため，絶縁体は全路破壊には至っていない。実際の電気機器中で発生する部分放電は，気体や液体，固体の絶縁システム中で，異物や突起，ボイドなどを起点として起こり，絶縁材料を劣化する。部分放電により電気トリーの発生や，欠陥部の拡大や欠陥部分間の橋絡が生じ，機械的応力による破断やより大きな放電が発生して，最終的には全路破壊に至る場合がある。

部分放電劣化は電気設備において，共通して起こる現象である。しかしながら，各機器では，部分放電の影響が異なっている。**表1.4**は電気設備として，回転機固定子巻線の主絶縁層，油入変圧器，GISに使用されるガス遮断器（gas blast circuit breaker：GCB），遮断器に使用される真空遮断器（vacuum circuit breaker：VCB），CVケーブルの部分放電の電荷量許容値を比較したも

表1.4　電気設備ごとの部分放電の許容値

区　分	回転機 巻線	油入変圧器	GIS GCB	遮断器 VCB	CV ケーブル
製作時	数千 pC （規格なし）	100 pC （JEC 2200）	5 pC 52 kV 以上 （IEC 62271-203）	10 pC 72 kV 以上 （JEC 2300）	未検出 （JEC 3408） 感度 5 pC 以上

のである。部分放電の電荷量の許容値は各電気設備において，大きな相違がある。そのおもな理由は，使われている絶縁材料が異なるためである。回転機の絶縁材料は，耐部分放電特性や耐熱性に優れた無機物質のマイカである。その構成は紙やガラス繊維，フィルムなどの裏打ち材の間にフレーク状や粉状のマイカ片が多層配置され，これらの間隙に有機物質であるエポキシなどの熱硬化性樹脂が充填されている。一方，変圧器では有機物質である絶縁紙が導体に巻かれ，絶縁油に浸されている。GCB は SF_6 で，VCB は真空絶縁である。CV ケーブルは有機物質の架橋ポリエチレンが，導体とともに押出し成形されている。これらの有機材料は放電には弱く，樹脂や紙，フィルムなども放電により劣化する。

絶縁構造の複雑さや製造の自動化なども，各電気設備において相違がある。一般に，ボイドが存在すると部分放電の発生を誘発するため，ボイドがないように機器は製作される。変圧器では絶縁油を注油後に脱気循環し，変圧器内部の残留ガス成分を除去しており，ボイドは存在しにくい。しかし，回転機では製作上，必ず微小なボイドが残留している。それゆえに，耐部分放電特性に優れたマイカ材料が適用されている。これらの理由により回転機では，他の機器に比べ許容放電電荷量の値も大きい。

高分子絶縁材料の内部にあるボイドで発生する部分放電では，時間経過に伴い放電電流や最大放電電荷が低下，あるいは放電パルスが検出されずに消滅したように見える場合がある。この場合，ボイド部分の劣化はこれら放電諸量の低下にもかかわらず進行し，その状態が絶縁破壊直前まで継続する。実際にはこの状態においても放電は消滅しているのではなく，放電電荷が非常に小さく発生頻度が非常に多い放電形態に移行したのである。この現象は群小部分放電（swarming pulsive micro-discharges）と呼ばれている。

アクリル樹脂に針電極を挿入し，高電圧を印加して放電パルスを計測した試験における放電電荷分布の継時変化を**図 1.12** に示す。図（a）の分布は定常的に放電パルスが計測され，群小化は見られずに電気トリーが発生している。一方，図（b）の分布は電圧印加から徐々に放電電荷が低下し，180 分から

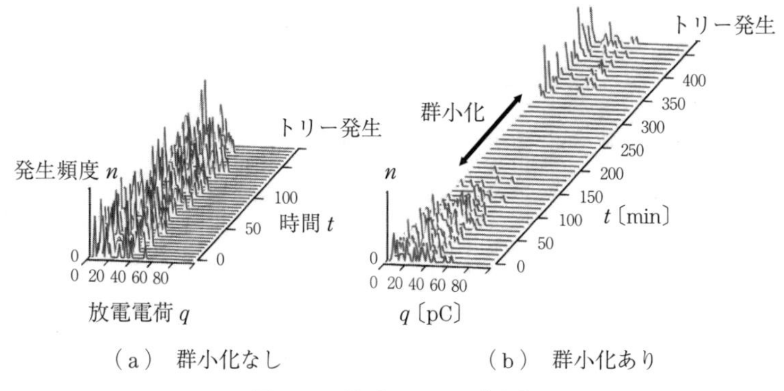

図 1.12　放電パルスの群小化

350 分まで群小化現象が認められる。その後，再び放電パルスが計測されるようになり，電気トリーが発生した。このような部分放電の群小化現象は，ボイド内における圧力や気体組成の変化，ボイド壁面の粗さが関係しているといわれている。

絶縁材料が部分放電にさらされると，放電による直接的な浸食だけでなく，放電により活性酸素やオゾン（ozone），NO_x などが発生する。特に有機絶縁材料では，この放電生成気体により物理的・化学的に変化し劣化する。酸素の存在下における有機絶縁材料では，部分放電による劣化生成物としてカルボニル基（>CO）を含む酸化物や H_2O と CO_2 の分解生成物などが生じる。また，水分が介在するとシュウ酸（$(COOH)_2$）の発生が見られる。

無機絶縁材料は総じて部分放電に対し，長期間安定であり，磁器やマイカなどは耐部分放電特性が優れている。マイカ絶縁の劣化現象では，マイカのバインダとして充塡されたエポキシなどの合成レジンで劣化が進行する。この場合，複合ストレス劣化機構が考えられており，部分放電による電気的劣化に加え，熱的劣化やヒートサイクル，機械的劣化により劣化が進行するものと考えられている。

電気設備は気体，液体，固体絶縁物のいずれか一つの形態で構成されることは少ない。複数の形態と金属導体の組合せとなり，異種の物質が接触する界面付近で複雑な現象や絶縁上の問題点が生じる可能性がある。**図 1.13** に金属導

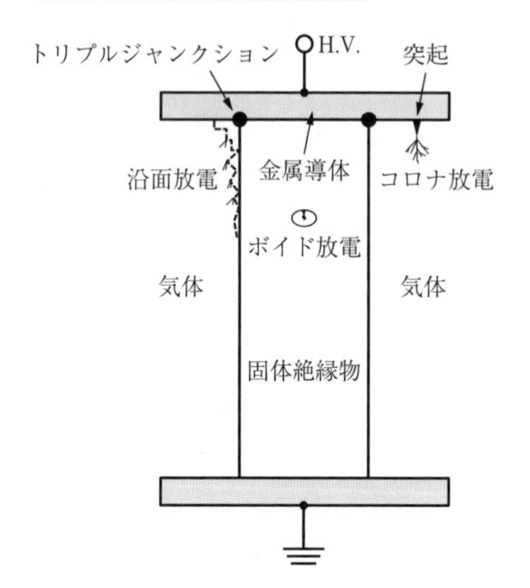

図 1.13　放電の発生場所

体付近における放電の発生しやすい場所を示す。金属導体に突起があると先端の電界が高くなり，気体中においてコロナ放電が発生する。電極間に異種誘電体が存在する場合は，誘電率の小さい領域により高い電界がかかり，分担電圧も大きくなる。例えば，気体と固体の複合誘電体の場合，固体の誘電率は気体に比べて数倍大きく，絶縁破壊電界も固体のほうが高い。したがって，固体絶縁物中にボイドがあると，ボイド内の気体中で部分放電が発生する。複合誘電体の特徴として，2 種の誘電体と電極の 3 種が接する点が存在する。この三重点はトリプルジャンクション（triple junction）と呼ばれ，その点の電界は誘電率の小さい誘電体が鋭角な場合には理論的に無限大となる。したがって，トリプルジャンクションで，形状的に鋭角な部位が形成されると電界が集中し，放電が発生しやすい場所となる。導体と気体，固体のトリプルジャンクションの場合，絶縁破壊電界の低い気体中で，固体表面をはうような沿面放電が発生する。このように，気体，液体と固体との界面が絶縁システム全体の電気絶縁弱点部となりやすい。

1.3　絶縁劣化診断（各機器に共通する代表的な診断技術）

電気設備の絶縁劣化診断法には，耐電圧試験法と絶縁特性試験法がある。回転機の製造初期試験時などには，定格電圧の 2 倍以上の耐電圧試験を実施する。しかしながら，絶縁劣化診断を目的とした場合は，耐電圧試験法は各電気設備の定常運転電圧より多少高い程度の電圧を印加して行われ，試験実施後の一定期間の運転を保証するものである。電気設備の種類や使用年数，保証する期間により電圧波形（直流，交流，インパルス）や電圧値，印加時間を選定する。

一方，絶縁特性試験法は各種要因により低下した，電気設備の絶縁性能を評価するものである。**図 1.14** は劣化要因と診断につながる現象（劣化メカニズム），そしてこれらの劣化を測定する絶縁劣化試験法[7]を示している。長期課電などの電気的ストレスにより水トリーや電気トリーが発生する。水トリーは絶縁抵抗の低下，電気トリーは部分放電を伴う現象である。熱的ストレスでは，絶縁材料を酸化劣化し，表面抵抗や絶縁抵抗の低下，油中ガスの発生を伴う現象が見られる。また，温度変化により膨張と収縮のストレスが繰返し起こ

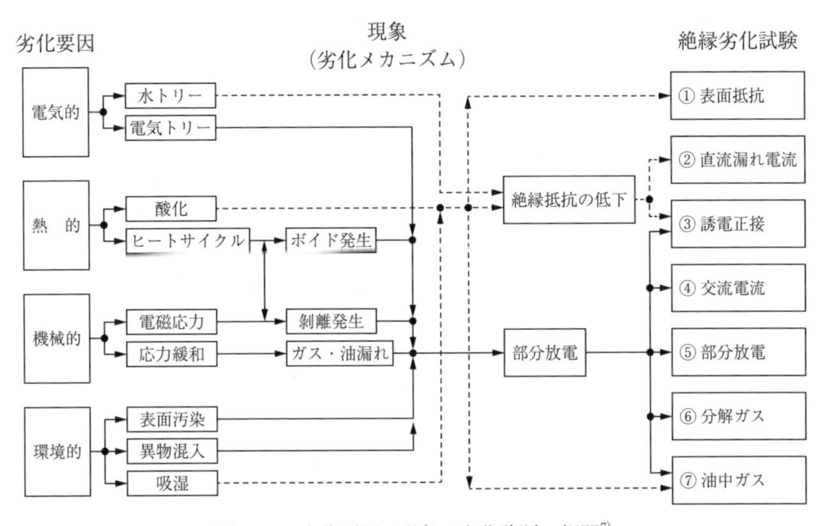

図 1.14　劣化要因・現象・劣化診断の相関[7]

るヒートサイクルによりボイドや剥離が発生すると，部分放電劣化に進展する。機械的ストレスでは，電磁応力によりボイドや剥離が発生する。また，応力緩和により，ガス・油漏れが発生し，いずれも部分放電の発生要因となる。環境ストレスによる表面汚染や異物混入では，部分放電に進展し，吸湿すると酸化と同様に表面抵抗や絶縁抵抗の低下，油中ガスの発生を伴う現象が見られる。

上記の劣化要因や現象に対し，相関図に示した各種の劣化試験が従来から提案され，実施されている。劣化診断により捉えられる現象は，絶縁抵抗の低下と部分放電の発生に大別することができる。これの劣化診断は絶縁特性試験法であり，絶縁材料の直流特性や交流特性を計測する方法と，劣化により二次的に発生する部分放電やガスなどを計測・分析する診断法がある。図に示した絶縁劣化試験法の評価特性や測定装置，対象機器について**表 1.5**[7] に示す。以下

表 1.5　絶縁劣化試験法の評価特性や測定装置，対象機器[7]

試験方法	評価特性	測定装置	対象機器
① 表面抵抗	・表面抵抗 ・表面のイオン付着量	・表面抵抗測定装置 ・イオン付着量測定器	・遮断器
② 直流漏れ電流	・漏れ電流 ・成極指数 ・絶縁抵抗	・直流漏れ電流試験器 ・絶縁抵抗計	・CV ケーブル ・回転機　・絶縁材料 ・全設備（絶縁抵抗）
③ 誘電正接	・誘電正接（$\tan\delta$）	・$\tan\delta$ 計	・CV ケーブル ・回転機 ・絶縁材料
④ 交流電流	・電流急増電圧 ・電流急増率	・交流電流計	・回転機
⑤ 部分放電	・放電電荷 ・発生頻度 ・位相特性	・部分放電測定器 ・オシロスコープ ・スペクトルアナライザ	・全設備 ・絶縁材料
⑥ 分解ガス	・分解ガス （HF, SO_2, SO_2F_2 など）	・ガス検知管 ・ガスクロマトグラフ ・FTIR	・ガス絶縁開閉装置
⑦ 油中ガス	・油中ガス （H_2, CO, CO_2, CH_4, C_2H_2, C_2H_4, C_2H_6, フルフラールなど）	・ガスクロマトグラフ	・OF ケーブル ・油入変圧器 ・変成器

に，各機器に共通する代表的な絶縁特性試験法として，これら七つの試験について解説する。

1.3.1 直 流 特 性

絶縁材料が熱的劣化により酸化し分解生成物が堆積したり，環境的劣化により吸湿し，絶縁抵抗が低下したりすると，導電性が増加する。したがって，絶縁材料に直流高電圧を印加し，流れる電流を計測することで絶縁材料の劣化の度合いを診断することができる。直流特性は，絶縁材料の劣化を導電性の増加によって検出しようとするものである。

〔1〕 **表面抵抗**（表1.5①参照）

高分子絶縁材料が酸化したり，吸湿したりすると材料表面の沿面絶縁抵抗が低下する。受変電設備に使用される有機絶縁物において，**図1.15**に示したように，使用年数の線形値と表面抵抗率の対数値には比例関係にあることが報告されている[8]。表面抵抗が低下すると，トラッキングの発生が懸念される。例えば，VCBの絶縁バリヤなどに使用されるポリエステル樹脂は，加水分解により表面に親水性の水酸基（-OH）およびカルボキシ基（-COOH）が増加し，吸湿しやすい状態になる[8]。また，GCBにおいて，遮断時のアークにより発生する分解ガスや水分が一定以上になると，絶縁体の表面抵抗が低下することが知られている。

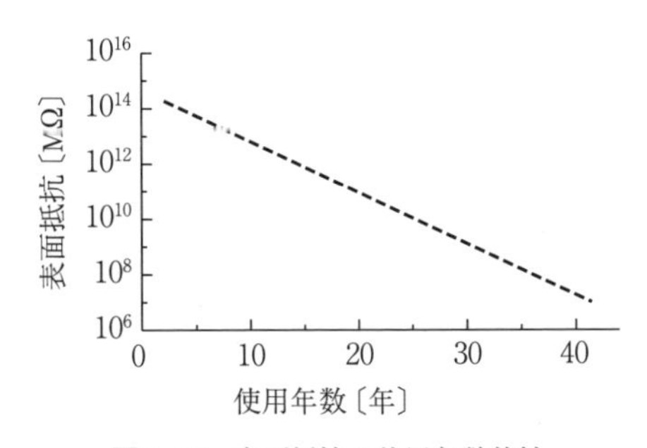

図1.15 表面抵抗の使用年数特性

表面抵抗測定には，絶縁物表面に設置した二つの電極に電圧を印加し，流れた電流から求める方法が一般的である。この方法では，測定値が雰囲気の湿度に大きく影響することに注意が必要である。また，絶縁物表面のイオン濃度を計測して，表面抵抗を推定する方法がある[8)]。大気中の NO_x や SO_x が水と反応し，硝酸や硫酸となり，絶縁材料中の充塡剤と反応することもある。充塡剤に用いられる炭酸カルシウムは硝酸と反応して硝酸カルシウムを生成する。硝酸カルシウムは潮解性のイオン性化合物であり，吸湿を助長し，絶縁物の表面抵抗が低下する。硫酸の場合も同様に，硫酸カルシウムが生成することにより，絶縁物の表面抵抗が低下する。

〔2〕 **直流漏れ電流**（表 1.5 ② 参照）

誘電体である絶縁材料に直流電圧を印加すると，図 1.2 に示したように，電子や原子が関与する変位分極により瞬時電流が最初に流れる。つぎに配向分極などによる吸収電流が流れ，やがて定常的な漏れ電流が流れる。漏れ電流は絶縁物の内部や表面を流れる電流であり，漏れ電流を担う電荷はイオンが主である場合が多く，**図 1.16** のように正常な状態では時間に対して一定である。しかしながら，経年による絶縁材料内部の劣化や絶縁材料表面の汚損などに起因する劣化が進行すると，漏れ電流は増加傾向を示す。電圧階級に応じた直流高電圧を印加して，そのとき流れる漏れ電流の状態や印加電圧と漏れ電流から求めた絶縁抵抗値などにより，絶縁劣化診断が行える。成極指数（polarization

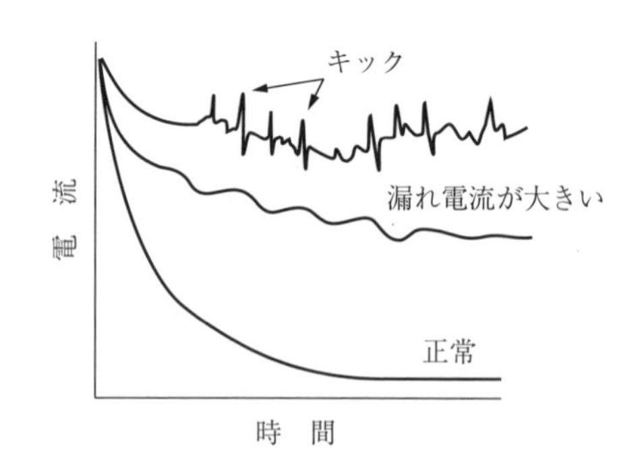

漏れ電流〔μA〕：電圧印加時間の最終電流値

$$\text{絶縁抵抗〔M}\Omega\text{〕}:\ \frac{\text{印加電圧}}{\text{漏れ電流}}$$

$$\text{成極指数}:\ \frac{\text{10 分後の絶縁抵抗値}}{\text{1 分後の絶縁抵抗値}}$$

図 1.16　直流漏れ電流

index：PI）は絶縁体の漏れ電流の時間的増加を表す値である。一般的に印加時間 10 分間での絶縁抵抗値と印加時間 1 分間の絶縁抵抗値の比とする。健全状態では 1 より大きいが，劣化が進行すると 1 に近付く。絶縁抵抗値は温度の

コラム 1.6 ケーブルに流れる充電電流

誘電体である絶縁物に直流ステップ電圧を印加すると，図 1.2 で解説したように，分極による瞬時電流や吸収電流が流れる。これらは電荷を蓄えることから充電電流とも呼ばれている。その後，電圧印加をやめて短絡したときに流れる電流は放電電流である。また，絶縁体の内部や表面を流れ，ジュール熱として消費される伝導性の電流は，漏れ電流である。

一方，誘電体に交流電圧を印加すると，コンデンサで知られているように，印加電圧の変化に応じて電圧より位相が 90° 進んだ電流が流れる。この電流も充電電流であり，その実効値は誘電体の静電容量に比例し，$I=\omega CV$ で求められる。また，ジュール熱として消費される損失電流も流れる（**表**参照）。

表 誘電体に流れる電流

直 流	充電電流	瞬時電流（瞬時吸収電流）
		吸収電流（充電吸収電流）
	放電電流	瞬時放電電流＋放電吸収電流
	漏れ電流	ジュール熱として消費される（伝導電流）
交 流	充電電流	静電容量に応じた充放電電流
	損失電流	ジュール熱として消費される電流

電気設備は誘電体で絶縁されているため，直流および交流の電圧が印加されると，必ず誘電体に充電電流が流れる。特に電力用 CV ケーブルは主絶縁がポリエチレンで，線路長が長いと静電容量が非常に大きくなる。このため，電力用 CV ケーブルに電圧のみ印加した状態（充電）でも，長さによっては大きな電流となる。

定格 6 600 V の単心 CV ケーブルで導体の断面積が 60 mm^2 では，静電容量は 0.37 μF/km である。仮に，このケーブル 100 m に試験電圧 10.35 kV 印加したとすると，約 120 mA の充電電流が流れることになる。

$$I=\omega CV=2\times 3.14\times 50\times 0.37\times 10^{-6}\times 10^{-1}\times 10.35\times 10^{3}=0.12$$

影響を受けるが，10 分間の診断時間では温度変化はほとんどない。そのため成極指数は温度の影響を受けず，異なる温度において判定できる。また，成極指数は絶縁体の形状や大きさに無関係な指数で，吸湿などにより変化する。

CV ケーブルの直流漏れ電流法や回転機巻線の PI 法，各機器の絶縁抵抗測定などはこの直流特性を利用している。交流高電圧を用いる試験方法に比べ，電源容量を必要とせず現場測定が容易で，多くの測定実績がある。なお，簡易な絶縁抵抗測定もあるが，この試験は印加電圧が低く劣化診断には適さず，結線や接続不良，絶縁被覆の破損などの欠陥検出に有効である。

1.3.2 交流特性

交流特性は絶縁材料の劣化を誘電特性の変化として捉えるもので，交流高電圧を印加し，静電容量や誘電正接，交流電流などを計測し診断する方法である。絶縁材料が酸化したり，吸湿したりすると材料中の双極子成分が増加する。その結果，誘電率が大きくなり静電容量が増加し，交流特性が変化する。

〔1〕 **誘電正接**（表 1.5 ③ 参照）

絶縁材料は絶縁抵抗と静電容量を有しており，**図 1.17** に示す等価回路で表すことができる。絶縁材料に交流電圧を印加した場合，材料が理想的な誘電体であれば電圧より 90° 進む充電電流 $\dot{I}_C$ だけが流れる。しかし，固体または液体

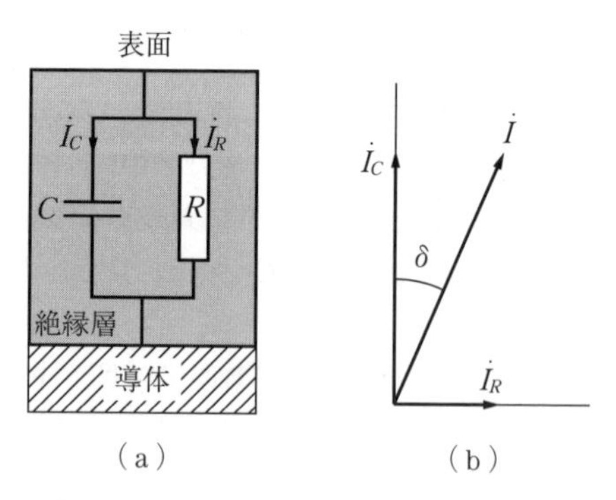

図 1.17　絶縁材料の等価回路と交流電流

の誘電体の場合は，電気分極が外部電場の変化に追従できず時間的に遅れること（誘電余効）や，有極性分子の配向の緩和などによって電束密度が電場に対して位相遅れが生じるため，電流と電圧の位相差が90°からずれる。このとき電場のエネルギーが物質に吸収され，エネルギー損失が生じ熱となって拡散する。この現象は誘電損失と呼ばれる。さらに，電子伝導やイオン伝導による電気伝導電流によっても，誘電体に流れる電流 I は I_C と位相差が生じる。したがって，誘電損相当の電流および電気伝導電流の和 I_R が流れていると考えられ，理想コンデンサ C と並列に抵抗 R が存在する等価回路が成立する。

電流 I は充電電流 I_C より位相が遅れ，その遅れ角を誘電損角 δ と呼ぶ。また，$\tan\delta$ を誘電正接と呼び，絶縁材料固有の物性として知られている。絶縁材料の $\tan\delta$ は表1.1に示したように，健全状態では非常に小さな値となる。経年に伴い，絶縁材料の表面汚損，吸湿，水トリー劣化，熱劣化が進んだり，絶縁材料の表面や内部で部分放電が発生したりすると $\tan\delta$ も増加することから，劣化指標の一つとなる。この $\tan\delta$ は，主としてシェーリングブリッジ回路を用いて測定される。

〔2〕 **交流電流**（表1.5④参照）

交流電流試験法は，絶縁物に交流電圧を印加したときに流れる電流と電圧との関係から，絶縁物の性状を調べる試験である。**図1.18** に絶縁材料に交流電圧を印加したときの電圧-電流（V-I）特性を示す。

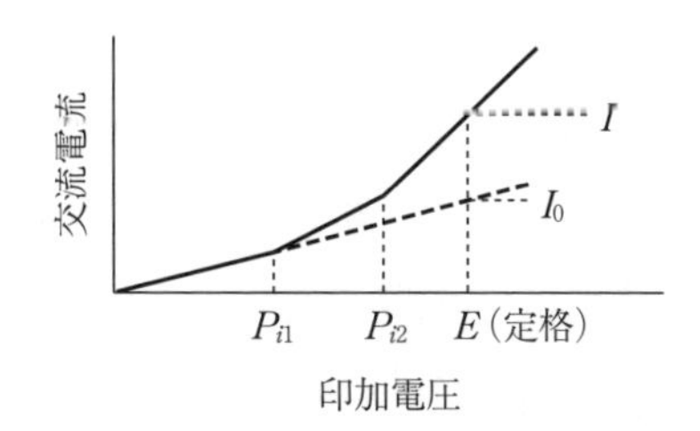

P_{i1} = 第1電流急増電圧
P_{i2} = 第2電流急増電圧

$$\Delta I = \frac{I - I_0}{I_0} \times 100 〔\%〕$$

図1.18　交流電流診断

初めに，材料の静電容量に比例した充電電流が流れる。つぎに，比較的小さなボイドなどで部分放電が発生すると，交流電流が急増する。さらに電圧が上昇すると，大きなボイドでも放電が発生するようになり，変曲点が複数になる。このときの電圧を電流急増電圧 P_i（現れる順に第1電流急増電圧 P_{i_1}，第2電流急増電圧 P_{i_2}）という。また，電流急増点に至る前の V-I 特性を直線で外挿し，定格電圧 E との交点を外挿電流 I_0 とする。定格電圧 E の実際の電流 I と I_0 の差を取り，I_0 で除した値を電流の増加傾向の指標として，電流増加率 ΔI と定義している。絶縁層が健全な場合は，電流急増電圧が高く，電流増加率 ΔI は小さい。絶縁物が劣化し，クラックやボイドなどの欠陥を生じると電流急増電圧が低下し，ΔI は増加する。これら交流電流 I や電流増加率 ΔI はつぎに述べる部分放電の大きさと相関が高い。

1.3.3　部分放電特性

・**部分放電**（表1.5⑤参照）

部分放電（partial discharge：PD）劣化による固体絶縁材料の絶縁破壊が，機器およびケーブルの寿命を決める大きな要素として重要視されており，従来の電気設備において，PDの計測が絶縁劣化診断に適応されてきた。PDの劣化機構[9)]や劣化診断法は電気学会の技術報告[10)～12)]としてまとめられている。電力機器では絶縁破壊の前駆現象として，PDが発生する場合が多い。したがって，PDの検出は重要な絶縁診断技術の一つである。近年では，このPD測定装置の開発が進んでおり，各種の電気設備の絶縁診断に取り入れられている。PD発生による物理現象を，感度の良いセンサなどを駆使し，いかにして検知するかがPD測定器の開発技術となる。以下に，電気設備の絶縁劣化診断の共通技術として，PDの検出方法について記述する。

PDの発生プロセスでは，電荷の移動と電気エネルギーの消費とともに，パルス電流や電磁波放射，超音波，光，熱，および化学反応によるオゾンや窒素酸化物などの気体生成物を生じる。このPDを電気的に測定するには，パルス電流や電荷を検出する方法が用いられている。これらに適用されているセンサは，検出インピーダンス（detection impedance）や高周波 CT（high frequency current transformer），箔電極などである。また，放電によって発生する電磁波を検出する方法では，UHF アンテナやループアンテナ，ホーンアンテナなどが挙げられる。

検出インピーダンス法では，供試物と並列に結合コンデンサを接続し，供試物の接地側あるいは結合コンデンサの接地側に，検出インピーダンスを接続する。PD 発生時には，供試物と結合コンデンサの閉回路内に，見かけの電荷量の時間変化に対応した電流が流れ，検出インピーダンスにパルス性の電圧が誘起されることで PD を検出できる。

高周波 CT 法では，供試物内で発生した PD によって接地線に流れる電流を高周波 CT で検出する。高周波 CT の周波数帯域を商用周波数より高く選定することで，供試物の充電電流を除去できる。高周波 CT の周波数帯域の上限として，1 GHz のものも市販されている。また，クランプ方式の高周波 CT も市販されており，供試物の接地線を切断することなく PD を測定できる。

電磁波法では，PD により発生する電磁波をアンテナで検出し，PD の大きさと発生位置を推定する方法である。電磁波としては，おもに超短波（VHF：30～300 MHz）と極超短波（UHF：300 MHz～3 GHz）が用いられる。VHF 波は供試物から離れた位置での検出が可能であるが，通信・放送波などがノイズとして測定に影響を及ぼす。一方，UHF 波は通信・放送波の影響を受けにくいが，−2 dB/m という減衰特性のために数～十数 m ごとにアンテナを設置する必要がある。また，電磁波による PD 測定では電荷量の校正が課題となっている。

PD を測定する電気的な測定法以外では，音響的な手法が提案されている。PD が気体や液体などの絶縁材料中で発生すると，PD 発生源から弾性波（音波）が発生し伝搬する。弾性波の大きさは放電電荷量と線形の関係があり，弾性波は絶縁材料中を伝搬するため，供試物の金属容器壁面に取り付けた AE（acoustic emission）センサにより検出できる。絶縁油中の測定例を**図 1.19** に示す。電気パルス信号に対する音響信号の時間遅れに油中伝搬速度（1.4 m/ms）

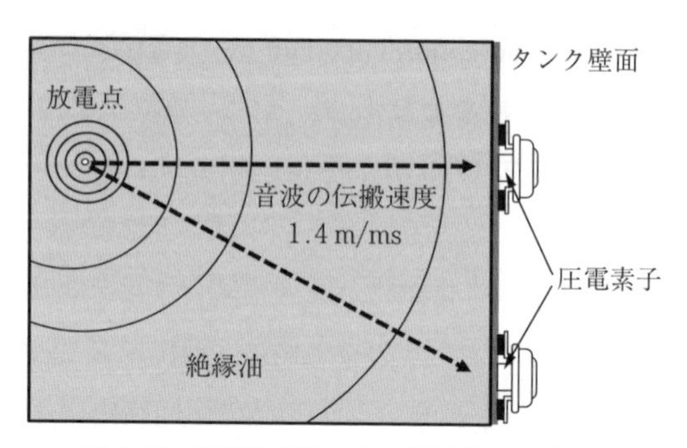

図 1.19　音響的手法による部分放電の測定例

を乗算すると，AE センサから PD 発生源までの距離を計算でき，複数個の AE センサを用いることで PD 発生源の標定が可能である。

PD によって生じたイオンと電子の再結合によって，発光が生じる。この発光を光電子増倍管やイメージインテンシファイアなどで，観測することができる。また，絶縁材料が PD にさらされると，熱分解などの化学反応を起こす。その分解ガス生成物をガスセンサやガスクロマトグラフなどで検出することで，PD 発生の有無を知ることができる。

PD はパルス状の放電で，1 発のパルスは数 ns である。PD の発生するタイミングは交流印加電圧の位相と関係があり，PD の発生位相により劣化診断が行える。**図 1.20** に PD パルスの位相特性を示す。横軸は印加電圧の位相角，縦軸は PD パルスのエネルギーの大きさを表す放電電荷量である。通常，PD は印加電圧の 1 周期に何発も発生し，この放電電荷分布では検出したパルスを

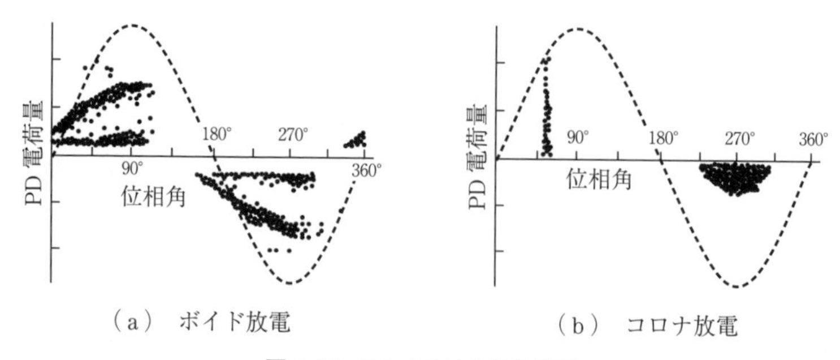

（a）　ボイド放電　　（b）　コロナ放電

図 1.20　PD パルスの位相特性

すべてプロットしている。ボイド放電では印加電圧の負のピークから正のピークまでの領域（印加電圧の dV/dt が正）において，正極性の放電が発生する。ボイドの形状が球状などと放電空間が平等電界になる場合は，この分布のように正と負，同じような発生パターンとなる。

コラム 1.7　ボイド放電がゼロクロスより低い位相で発生する理由

絶縁材料中のボイド（void）とは，一般的に固体の内部に生じた微小な空隙状の欠陥をいう。有機材料の場合は厚肉部における成形時の内部温度差により，ボイドが発生したり，水分や揮発成分が成形時に抜けきらずに，空隙となったりして発生する。また，電気的・熱的・機械的ストレスによってもボイドやクラック，剥離などの欠陥が生じることもある。通常，ボイド内の比誘電率は絶縁材料の比誘電率より小さい。このため，絶縁材料にかかる電界よりボイド内にかかる電界は高く，ボイド内で放電が発生しやすくなる。

ボイド放電を，**図 1** に示す等価回路とボイドに印加される電圧で考えてみる。C_g，C_b はボイドとボイドに直列な絶縁材料の静電容量，C_m は C_g，C_b 以外の絶縁体健全部の静電容量である。絶縁材料全体に正弦波交流電圧 v が課電されると，ボイドには分担電圧 v_g が印加される。v_g は放電開始電圧 v_s に達すると放電が発生し，残留電圧 v_r まで低下する。絶縁材料全体には継続して課電されているため，v_g も再び上昇し，放電が繰り返される。ボイド放電で注目したいのは，放電が発生するとボイド表面に同極性の電荷が蓄積し，v_g を低下させることである。したがって，絶縁材料全体に課電されている電圧 v と放電時の v_g のピークとは一致しない。さらに v の極性が変化すると，放電により蓄積された電荷とは逆極性になる。このため v が十分に大きい場合は，v_g はボイド表面の電位が影響して，v のゼロクロスより低い位相で v_s に達し放電が発生する（**図 2** 参照）。

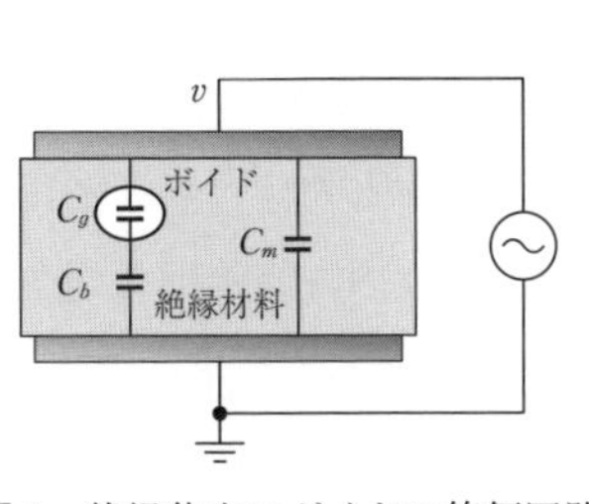

図 1　絶縁体中のボイドの等価回路

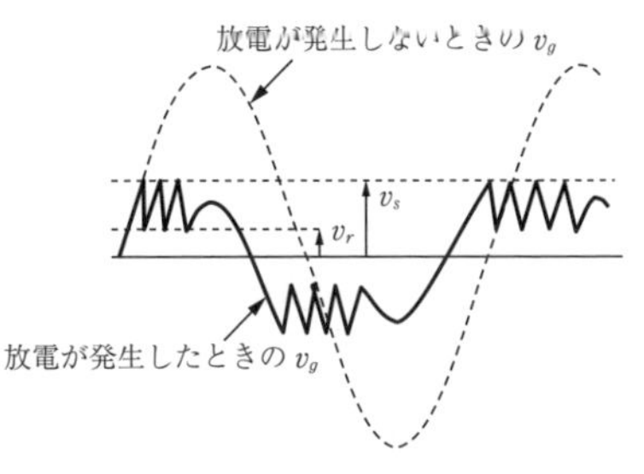

図 2　ボイド放電の v_g

一方，針-平板電極のような，電極間に誘電体を介さない空気ギャップにおいて発生するコロナ放電では，印加電圧が零電位より高い領域で正極性，低い場合で負極性の放電が発生する。また，放電空間が不平等電界となるため，放電パターンに極性効果が表れる。絶縁材料の劣化状態により，PD パルスの最大放電荷（q_{max}）や，PD の発生位相-電荷量-発生頻度（φ-q-n）が変化するため，PD パターンにより劣化診断が可能となる。

表 1.6[13]は各電気設備の共通的な検出対象となる，部分放電診断技術を分類したものである。この表では機器の種別，オン・オフ（ON/OFF）ラインの適用状態，診断方法として使用されるセンサ，検出原理，検出感度，ノイズ処理および運用上での測定条件，判定基準などをまとめた。電力ケーブルにおいて，箔電極法は，超高圧線路の竣工試験として多数の実績があり，検出インピーダンス法はおもに工場内試験で運用している。回転機では，結合コンデンサ法や SSC（ステーター スロット カプラー）は海外の運用実績は多数ある。また，近年，過渡接地電圧（transient earth voltage：TEV）法が注目されている。TEV 法は既存の金属筐体（きょうたい）の壁面にセンサを取り付けることで，発生した PD を検出する方法である。電気設備内部で部分放電が発生すると，高周波電磁波が放射される。この電磁波により金属の筐体壁面に，表面電流が流れる。この表面電流の高周波成分（数～数百 MHz 帯域）を TEV センサで検出する。TEV 法は電気設備の外壁に取り付けるだけで測定可能であるため，運転中の機器でも容易に測定でき，変圧器のほか，おもに配電盤に適用されている。

電気設備の診断技術を横断的に眺めた場合，測定原理や測定方法が同じでも，それぞれの機器の特異性から必要な検出感度や最高感度が異なっている。また，ノイズ処理においても電気設備の設置環境や放電部位からの距離，測定の時間帯などの配慮も必要となっている。表 1.4 に示したように，各電気設備において電圧階級や絶縁設計，材料などにより，PD の許容範囲は電気設備ごとに異なる。また，PD に関与する物理現象のうち，どれを介して PD を検知するかにより，検知可能な PD のレベル，外乱ノイズとの弁別，センサから PD 発生箇所までの距離など，さらには検出装置の規模が異なる。そのため，

表 1.6 部分放電診断技術の分類[13)]

<table>
<tr><th rowspan="3">種　別</th><th rowspan="3">ON/OFF
ライン</th><th colspan="3">診断方法</th><th colspan="2" rowspan="2">運　　　用</th></tr>
<tr><th rowspan="2">センサ</th><th colspan="2">検出感度</th></tr>
<tr><th>必要感度</th><th>最高感度</th><th>測定条件</th><th>判定基準</th></tr>
<tr><td rowspan="5">電力
ケーブル</td><td rowspan="4">ON</td><td>箔電極</td><td>数 pC 以上</td><td>1 pC</td><td>校正パルス注入による補正</td><td rowspan="5">検出されないこと</td></tr>
<tr><td>高周波 CT</td><td>数 pC 以上</td><td>1 pC</td><td>測定周波数：1～100 MHz</td></tr>
<tr><td>TEV 法</td><td>–</td><td>数十 pC</td><td>測定周波数：20～50 MHz</td></tr>
<tr><td>AE センサ</td><td>–</td><td>数十 pC</td><td>測定周波数：1～300 kHz</td></tr>
<tr><td>OFF</td><td>検出インピーダンス</td><td>5 pC 以下</td><td>～0.1 pC</td><td>直流または交流耐電圧試験と同時</td></tr>
<tr><td rowspan="4">回転機</td><td rowspan="4">ON</td><td>結合コンデンサ</td><td rowspan="4">1 000 pC
以下</td><td rowspan="4">–</td><td>事前に信号用同軸ケーブルの長さ調節を行う</td><td rowspan="4">放電発生部位や絶縁材料によって放電耐性が異なるため判定基準の設定は難しい</td></tr>
<tr><td>RTD</td><td>既存 RTD の予備を利用する</td></tr>
<tr><td>高周波 CT</td><td>給電用ケーブルに高周波 CT を取り付ける</td></tr>
<tr><td>SSC</td><td>くさびを抜いて SSC を装入する</td></tr>
<tr><td rowspan="6">変圧器</td><td>OFF</td><td>検出インピーダンス</td><td rowspan="2">50～100 pC</td><td>数十 pC</td><td rowspan="2">–</td><td rowspan="6">運転中の測定では信号減衰が大きいために基準を設けることが難しい</td></tr>
<tr><td>ON/OFF</td><td>高周波 CT</td><td>200～500 pC</td></tr>
<tr><td rowspan="4">ON</td><td>アンテナ</td><td>–</td><td>500 pC</td><td>アンテナ 4 本を対象物周囲に配置する</td></tr>
<tr><td>TEV 法</td><td>–</td><td>数十 pC</td><td>測定周波数：数 MHz～数十 MHz</td></tr>
<tr><td>AE センサ</td><td rowspan="2">50～100 pC</td><td>500～数千 pC</td><td>CT を利用した電気的測定法との組合せ</td></tr>
<tr><td>光ファイバ</td><td>AE センサの数百倍</td><td>静止油圧をあらかじめセンサ背圧により補正する</td></tr>
<tr><td rowspan="4">遮断器・
配電盤</td><td rowspan="4">ON</td><td>高周波 CT</td><td rowspan="4">–</td><td>–</td><td>配電盤単位で測定</td><td>–</td></tr>
<tr><td>AE センサ</td><td>100 pC 程度</td><td>CT を利用した電気的測定法との組合せ</td><td>事前に測定したマスターカーブと比較</td></tr>
<tr><td>超音波法</td><td rowspan="2">–</td><td>40 kHz を検出するマイクロホンの使用が主流</td><td rowspan="2">–</td></tr>
<tr><td>TEV 法</td><td>測定周波数：数 MHz～数十 MHz</td></tr>
<tr><td rowspan="3">GIS</td><td rowspan="3">ON</td><td>UHF 法</td><td rowspan="3">5～
数十 pC</td><td>0.1 pC～</td><td rowspan="3">–</td><td rowspan="3">検出されないこと</td></tr>
<tr><td>絶縁スペーサ法</td><td rowspan="2">数 pC～</td></tr>
<tr><td rowspan="2">AE センサ</td></tr>
<tr><td>コンデンサ</td><td>ON</td><td>–</td><td>1 000 pC
程度</td><td>非課電コンデンサと比較測定</td><td>–</td></tr>
</table>

電気設備やその設置環境，状態監視レベルに応じた検知技術を選ぶことが重要であり，電気設備が稼働する環境でのノイズ処理には，特別な技術や経験が必要である。

1.3.4 ガ ス 分 析

〔1〕 **分解ガス**（表 1.5 ⑥ 参照）

SF_6 ガスを用いた電気設備では，部分放電が発生すると SF_6 ガスが分解され，さまざまな分解ガスが生成する。また，SF_6 ガスがある種の金属と接触した状態で加熱されると，150～200℃で熱分解を開始し，分解生成ガスが発生する。SF_6 は初めに SF_4 に分解されるが，SF_4 はその後に水分と反応し，HF や SO_2 に変化する。発生した分解ガス（HF，SO_2）は，呈色反応試薬の詰まったガス検知管を用いて，変色領域量によりガス濃度を検出できる。検出感度は HF で 0.03 ppm である。また，固体電解質を用いたガスセンサでも検出可能である。この測定原理は，① HF がセンサ表面でフッ素イオンと水素イオンに解離する。② 解離したフッ素イオンが固体電解質中を電界によりドリフトする。③ ドリフトにより流れる電流を測定する。検出感度は 0.2 ppm である。

GIS 内部にはゼオライトなどの吸着剤が設置されており，分解ガスを吸着剤に吸着させることで，SF_6 の純度を保っている。したがって，異常時には HF や SO_2 は大量に発生するが，時間経過とともにこれらの分解ガスは吸着剤に吸着され，濃度は低下する。また，ガス遮断器では電流遮断時には，定常的にアークが発生するため，SF_6 が分解される。そのため，開閉直後には分解ガスの HF や SO_2 濃度は高くなるが，吸着剤に吸着されると濃度は低下する。

〔2〕 **油中ガス**（表 1.5 ⑦ 参照）

油入電力機器は，鉱油や絶縁紙を主体として絶縁された機器で，内部での異常による過熱や部分放電に伴い，絶縁油が分解しガス成分（アセチレン，エチレンなど）が発生し，絶縁油に溶解する。油中ガス分析では，これら劣化生成物のうち油中溶存ガス成分を分析して，異常診断を判定する。ガス成分としては，水素（H_2），メタン（CH_4），エタン（C_2H_6），エチレン（C_2H_4），アセチレン（C_2H_2），一酸化炭素（CO），二酸化炭素（CO_2）などである。電力機器から少量の絶縁油サンプルを採取し，ガスクロマトグラフを用いて油中ガス成分やガス濃度の分析を行う。

図 1.21 に運転中の変圧器から絶縁油を採取した，11 年間の油中ガス分析データ例を示す。10 年目からアセチレンが検出され，メタンやエチレンの発生量も増加しており，そのため可燃性ガス総量（total combustible gas：TCG）も増加している。この場合，変圧器内で部分放電が発生している可能性が高い。

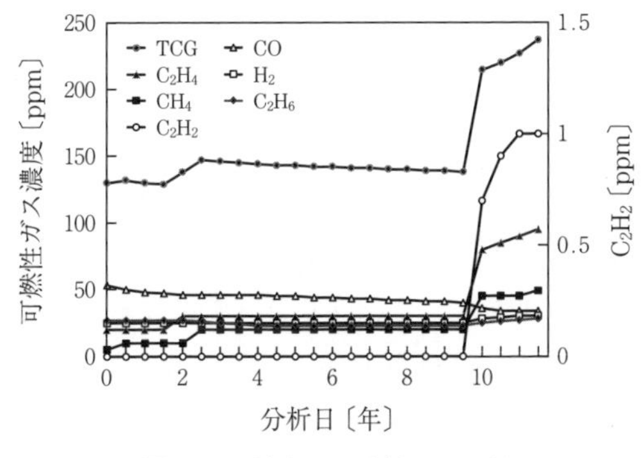

図 1.21　油中ガス分析データ例

これらを常時監視できる装置も実用化されている。この監視装置は，ガス透過膜と半導体ガスセンサを備えて特定ガス成分（水素，一酸化炭素，アセチレン，エチレンの合成ガス濃度）を測定するものと，すべての可燃性ガスを測定するためにガスクロマトグラフを備えたものがある。変圧器の油通路や排油口に取り付け，人手を介さずに採油・分析できるため誤差要因が少なく，頻繁に測定できる利点がある。

一方，鉱油や絶縁紙は経年劣化し，絶縁破壊強度や機械的強度が低下する。この現象は熱劣化が支配的となり，水分や酸素が共存すると加速される。経年劣化による絶縁破壊強度の低下は小さいが，絶縁紙の引張強度は劣化により大きく低下し，外部短絡などの機械的ストレスにより絶縁紙が破断して絶縁破壊に至る場合がある。絶縁紙を直接採取して引張強度などを計測することは困難であるため，引張強度と相関の高い劣化生成物を測定し，劣化診断が行われている。絶縁油も絶縁紙も有機化合物であり，有機化合物が酸化劣化すると最終的には CO や CO_2，H_2O が生成する。引張強度と関係がある平均重合度は，絶縁紙の主成分であるセルロース分子の長さを表す尺度であり，劣化により平均重合度は低下する。セルロースの酸化分解過程の中間物質にフルフラール（furfural）が生成される。フルフラールは液体であり，脱気しても外部へ排気されにくく安定して油に溶解しており，劣化の指標となる。そのため，油入電力機器の絶縁劣化診断や余寿命診断には，CO，CO_2 とフルフラールの生成量から判定されている。

1.3.5　オフライン診断，オンライン診断

絶縁劣化診断法には電気設備を停止して診断するオフライン診断（offline diagnostics）と，設備・機器を活線・運転状態において行うオンライン診断（online diagnostics）とがある。オンライン診断は連続的あるいは間欠的な計測と診断である。計測が常時連続的であっても時間をおいたものであっても，運転中に実施していればオンライン診断である。

従来，電気設備は一定期間ごとに定期的に所定項目についてメンテナンスを実施する，時間計画保全（time based maintenance：TBM）が主流であった。また，更新時期についても，一定期間が経過した場合に一律に設備を取り換えることが一般的であった。しかし，個々の機器ごとにその状態（残存寿命）を把握して，使用限界まで利用する診断手法（condition based maintenance：CBM）が信頼性の確保と保全費用の削減になり，強く求められるようになってきた。CBM ではおもにオフラインによる監視が行われていたが，近年の IoT（Internet of Things）やセンサ技術の進展および低価格化により，設備を遠隔でかつ常時監視し，設備の変化や異常を把握するオンライン監視に移行されつつある。必要な時期に必要な点検，補修を行うことができるため，通常の巡視の省略，部品交換頻度の低減，さらには設備の延命などが実現され，メンテナンスの合理化・省力化につながる技術として実用化され始めている。オン

ライン診断は，オフライン診断に対し，以下のような特徴を持っているため，これらの特徴を理解したうえで実際の運用を図るべきである。

（1）　電気設備を実際の運転状態で計測するため，運転状態に特有な現象（電磁場，高温，振動など）を反映した診断が可能である。

（2）　電気設備を常時または定期継続監視することにより，機器運転状態が長期的にどのような変動をしているのか，トレンドの把握と管理が可能である。

（3）　常時監視によって，運転中の突発的な異常を早期に検知可能であり，故障や事故の未然防止が期待できる。

（4）　運転中のノイズの問題などにより，オンラインで評価できる特性や診断装置（監視装置）がオフライン診断に比べ，いまだ限られている。

（5）　電気設備に設置して常時連続的な監視を実施する場合，一対象に対し一監視装置が必要でありコストがかかる。

絶縁劣化診断には，先に解説した７種類の試験方法以外にも，電気設備ごとに非常に多くの試験方法が考案されている。絶縁劣化診断は一つの数値で判断することなく，複数の試験結果を基にして総合的に診断すると精度が高くなる。例えば，絶縁材料が吸湿して劣化の進展が懸念される場合，直流漏れ電流を計測して絶縁抵抗値の低下に加え，交流特性における誘電正接（$\tan\delta$）の増加などを確認する。また，部分放電劣化においては，電磁波や音響計測などと電気的な計測を組み合わせ，さらには油中や気体中の分解ガス成分の分析を行うことにより，精度の高い劣化診断が可能となる。そして，オンラインの診断では，劣化信号のトレンド管理により劣化の予兆を検出し，その後のオフラインにおける精密診断において，修理や更新などの判断を行う。それぞれの絶縁劣化試験の物理的・化学的根拠をよく理解したうえで，このようにいくつかの試験を組み合わせて劣化診断することが，電気設備の予防保全には重要な技術となる。

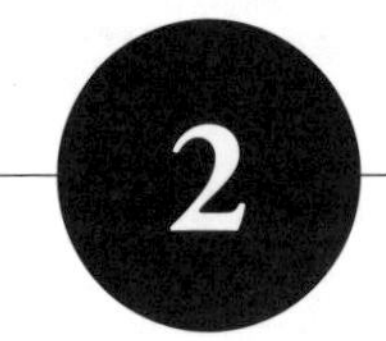

2 電力機器・ケーブルの絶縁診断

本章では，各種電力機器やケーブルの絶縁診断技術について，日本国内で慣習的に実施されている診断技術が，どのような劣化に対応し，何を検出しているのか，また診断上注意すべき点を解説する。また，グローバル化やディジタル技術の進展を踏まえて，海外の動向や有望な最新技術についても紹介する。

2.1 電力ケーブル

2.1.1 電力ケーブルの絶縁構造と劣化

現在，国内で使用されている電力ケーブルの大半はCVケーブルである。ここでは，CVケーブルの劣化形態と診断技術を中心に述べる。油浸絶縁紙を用いたOFケーブル（oil-filled cable）などCVケーブル以外のケーブルに関しては電気学会の技術報告など他の文献を参照願いたい。

CVケーブルは，1955年に米国のゼネラルエレクトリック社が開発した架橋ポリエチレン（cross-linked polyethylene：XLPE）絶縁技術を国内ケーブルメーカがライセンス契約を結んで導入し，国内製造を開始したもので，その後，三層同時押出技術など独自の技術開発を重ね，現在に至っている。国内ではcross-linked polyethylene insulated vinyl sheath cableの略称としてCVケーブルと呼称されるが，海外ではXLPEケーブルと呼称される。

CVケーブルの構造は**図2.1**に示すとおり，電流が流れる導体を架橋ポリエチレンで絶縁し，遮蔽銅テープで遮蔽した後，ビニル（PVC）で外装を施した構造になっている。ポリエチレンは絶縁材料として優れた特性を持っている

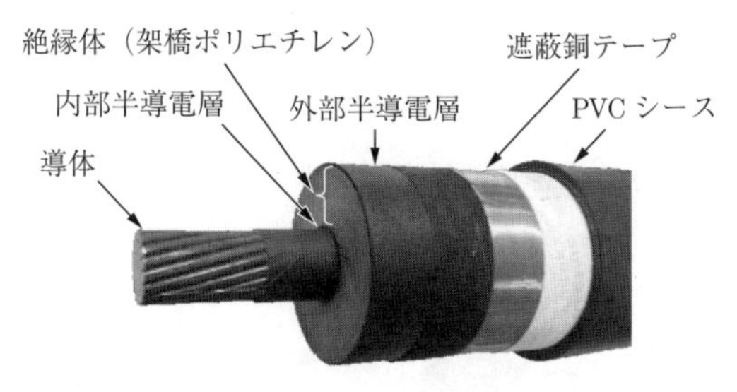

図2.1 CVケーブルの構造（古河電気工業株式会社より写真提供）

が，低密度ポリエチレンの結晶融点は110〜115℃であり，温度がおよそ100℃を超えると溶融して変形してしまうため，電気絶縁材料には適していなかった。しかし，ポリエチレン分子の一部を結合し，立体網目状にする「架橋」を施すことで100℃を超える温度にも耐えることができるようになり，電力ケーブルへの適用が可能になった。CVケーブルは最高許容温度90℃，短絡時許容温度230℃を有している。OFケーブルのような油浸絶縁紙を用いたケーブルに対して，火災リスクが小さい，取扱いが容易，誘電体損失が小さいなどの特徴を有し，需要が急速に拡大した。

架橋反応は，ポリエチレンに有機過酸化物（架橋剤）を混入し加熱・加圧することで行うが，加熱方法として，水蒸気を用いる湿式架橋と高温の窒素ガスを用いる乾式架橋の2通りの製造方法がある。1.2.5項〔2〕で述べた水トリー劣化を抑制するため，現在は乾式架橋方式が主流になっている。また架橋ポリエチレンは，電界緩和を目的として半導電性材料（内部半導電層≦1 000 Ω·m，外部半導電層≦500 Ω·m）で挟んであり，ケーブル全体では6層の構造になっている。半導電層は，テープ材を巻く方法と架橋ポリエチレンと同時に押し出す方法があり，**表2.1**に示すように製造方法の組合せで3種類のタイプが存在する。

表2.1 半導電層の構造による分類

外部半導電層
内部半導電層

タイプ	内部半導電層	外部半導電層
T-Tタイプ	テープ巻き	
E-Tタイプ	同時押出し	テープ巻き
E-Eタイプ	同時押出し	

遮蔽は，**図 2.2** に示すように銅テープを重ね巻きするテープシールド方式と銅の素線を巻くワイヤシールド方式があり，国内の産業用高圧ケーブルはテープシールド方式が，電力用特別高圧ケーブルはワイヤシールド方式が多く採用されている。

（a） テープシールド方式

（b） ワイヤシールド方式

図 2.2 遮蔽方式

シースを施したケーブルには，単心形，3 本の心線を一体のシースに収容した三心一括形（CV-3C），単心ケーブルを 3 本より合わせたトリプレックス形（CVT）などがある。単心形およびトリプレックス形ケーブルは，三心一括形に比べて電流容量が大きいことや，地絡事故から短絡事故に移行しにくいこと，接続処理が容易であるなどの利点がある。このほか，埋設布設などで水の浸入のおそれがある場所には，外装シースの下にアルミニウム遮水シートをラミネートして水が浸入しないようにした遮水層付きのケーブルやコルゲートケーブル（波付鋼管外装ケーブル）などがある。**図 2.3** に遮水層付きケーブルとコルゲートケーブルの概要図を示す。

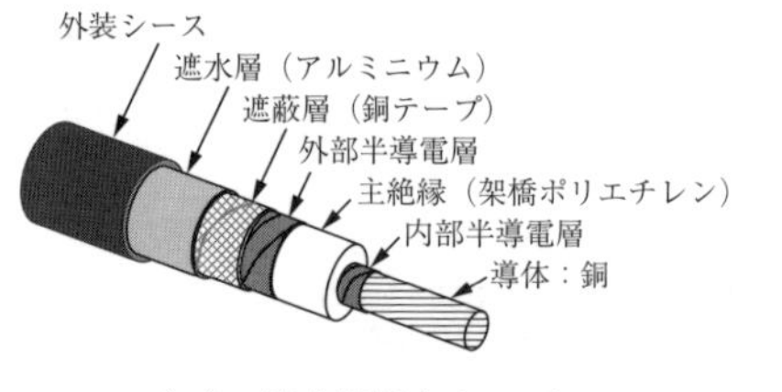

（a） 遮水層付きケーブル

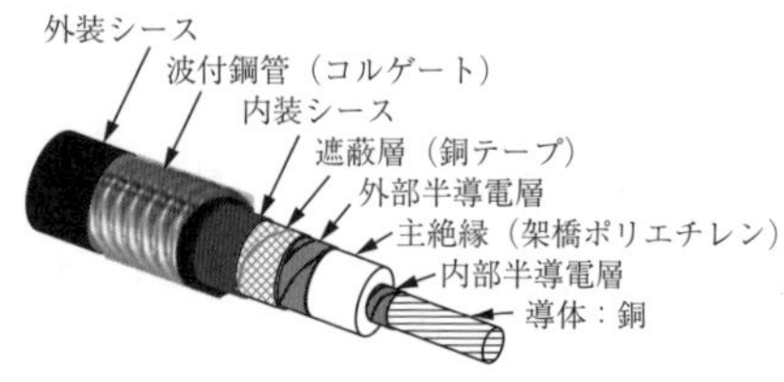

（b） コルゲートケーブル

図 2.3 遮水層付きケーブルとコルゲートケーブルの概要図

電力ケーブルの劣化現象には，おもに水トリー劣化と遮蔽銅テープ破断がある。CV ケーブルの劣化で，最も顕著な現象は，1.2.5 項〔2〕で記述した水トリー劣化である。水トリー劣化は，CV ケーブルの絶縁層内に浸入した微量の水分によって生成された微細な空隙が，水と電界の相互作用で絶縁体中に樹枝（トリー）状に結合して最終的に絶縁破壊に至る劣化現象で，1970 年代に確認されて以降，現在もケーブル事故の主要因になっている。

水トリー劣化は，架橋方式や半導電層の構造によって起きやすさに違いがあり，湿式架橋で製造され，半導電層が T-T タイプのケーブルが起きやすく，乾式架橋で E-E タイプのケーブルは水トリー劣化が起きにくい。**表 2.2** に年

表 2.2　年代別・電圧階級別 CV ケーブルの構造と水トリー劣化の起きやすさ

（a）

電　圧	項　目	製造年 1965	1970	1975	1980	1985	1990	1995	2000
3 ～ 6 kV 級	架橋方式	湿式						乾式	
	内部半導電層	テープ巻き						押出し	
	外部半導電層	テープ巻き						押出し	
	タイプ	T-T			E-T			E-E	
11 ～ 22 kV 級	架橋方式	湿式						乾式	
	内部半導電層	押出し							
	外部半導電層	テープ巻き						押出し	
	タイプ	E-T						E-E	
33 kV 級	架橋方式	湿式						乾式	
	内部半導電層	押出し							
	外部半導電層	テープ巻き						押出し	
	タイプ	E-T						E-E	
66 ～ 77 kV 級	架橋方式	湿式						乾式	
	内部半導電層	押出し							
	外部半導電層	押出し							
	タイプ	E-E							

表 2.2　（つづき）

（b）

架橋方式＼半導電層	T-T タイプ	E-T タイプ	E-E タイプ
湿式架橋	非常に起きやすい	起きやすい	起きやすい
乾式架橋	起きやすい	起きやすい	起きにくい

代別・電圧階級別 CV ケーブルの構造と水トリー劣化の起きやすさを示す。

一般に，産業用 3〜6 kV 級の CV ケーブルは，特に指定を行わない限り水トリー劣化が起きやすい E-T タイプが納入されるため，注意を要する。

水トリーが絶縁体を貫通したとき，どの程度の絶縁耐力があるのか，実際に水トリーが発生し，撤去された 6.6 kV ケーブルを使って破壊試験を行った事例を**図 2.4** に示す。これによると，橋絡水トリーに 5 kV を印加しても絶縁破壊には至らず，10 kV 以上の電圧を印加した場合に破壊している。

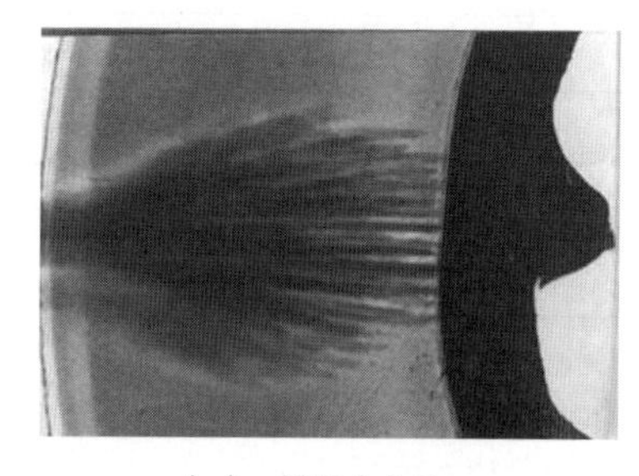

（a）　橋絡水トリー

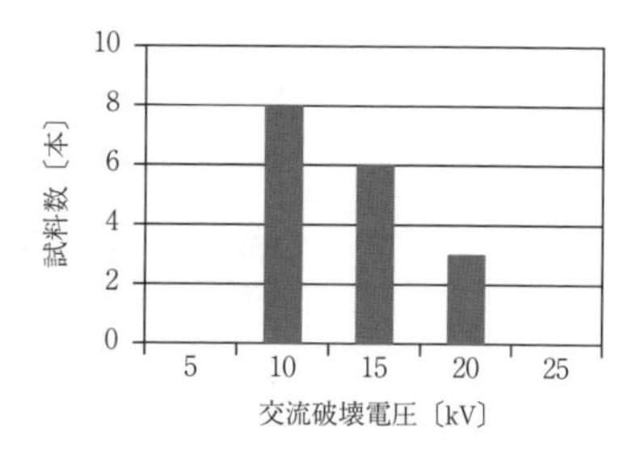

（b）　橋絡水トリーの交流破壊電圧

図 2.4　橋絡水トリーの交流破壊電圧

3〜6 kV 級ケーブルの場合，水トリーが貫通してもそれが初期であればただちに絶縁破壊することはなく，破壊までには数年の猶予があるため，高圧ケーブルでは橋絡水トリーを検出する診断を定期的に行って突発事故を防止する管理が多く行われている。一方，特別高圧のケーブルでは貫通すると間もなく絶縁破壊することや，未貫通でもサージ電圧の侵入で水トリーの先端から電気トリーが発生し，絶縁破壊に至ることがあるため，未橋絡水トリーを検出する診断が必要になる。

つぎに，CV ケーブルの劣化要因となるのは遮蔽銅テープ破断である。ケーブルの外装（ビニルシース）が損傷し，内部に水が浸入すると，遮蔽層に腐食や割れが生じる。特に，テープシールドは，複数の銅線で構成されるワイヤシールドに比較して腐食や割れが起きやすい。

シースに使用されるポリ塩化ビニルは，水をまったく透過しない物質ではないため，シースに損傷がなくても長期間ケーブルが水につかるとケーブル内に水が浸入し，遮蔽銅テープ腐食のリスクがある。

また，水が近くにない環境でも，通電ヒートサイクルの繰返しにより遮蔽銅テープに繰返し応力が加わり破断する場合がある。太陽光発電など負荷変化が頻繁に繰り返されるケーブルでは注意が必要である。

さらに，**図 2.5** のようにケーブルの自重や外装シースの残留応力緩和によって外装シースが収縮し，端末やジョイント部で遮蔽銅テープが引っ張られて破断するシュリンクバック現象がある。特に，大径の単心ケーブルやポリエチレンシースケーブル（CE ケーブル）で起きやすい。

このような遮蔽銅テープ破断が起きると，充電電流の一部が半導電性テープ

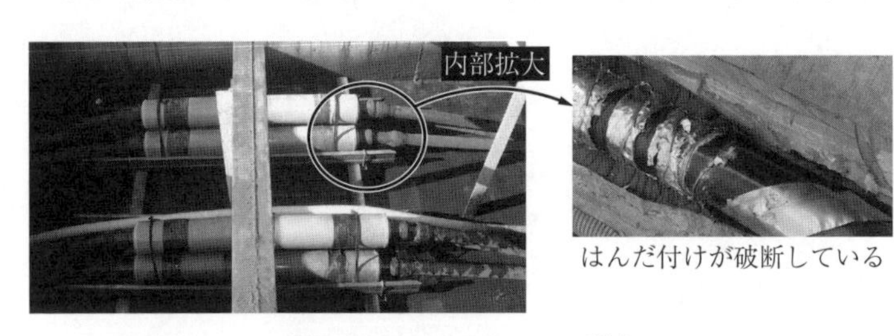

図 2.5　シュリンクバック現象

図 2.6　シュリンクバックによる火災

を流れ，**図 2.6** に示すように過熱・焼損事故に至る場合があるため，早期の検出が重要である。

2.1.2　電力ケーブルの事故統計

電気関係報告規則第 3 条（事故報告）に基づき，経済産業省に報告された事故詳報を解析した「事故詳報に関する報告」に記載されているケーブル絶縁破壊原因内訳を**図 2.7**[1)] に示すが，絶縁破壊事故で詳細記載があった事故の約 9 割（20 件中 18 件）が水トリー，残り 1 割が機械的劣化になっている。機械的劣化の大半は，遮蔽銅テープ破断と考えられる。

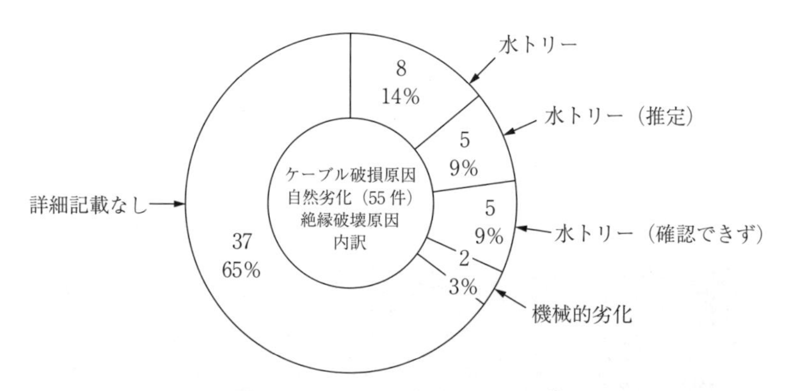

図 2.7　ケーブル絶縁破壊原因内訳[1)]

圧倒的多数の原因となっている水トリーに対する診断の重要性はいうに及ばないが，火災リスクを考えると遮蔽銅テープ破断の診断も重要である。現状では，水トリー劣化と遮蔽銅テープ破断を一度に診断する技術はないため，それぞれの診断を行う必要がある。

2.1.3　電力ケーブルの診断技術

〔1〕　水トリー診断技術

（a）　オフライン水トリー診断技術　　水トリーを停電状態で診断する技術として，現在五つの技術が実用化されている。

（1） **直流漏れ電流法**　**図2.8**に示す直流漏れ電流法は，ケーブルに直流高電圧を印加し，漏れ電流から橋絡水トリーを検出する技術である。未橋絡では，一定時間経過後の漏れ電流はほとんど流れないが，橋絡すると橋絡1箇所当り0.1 μAの電流が流れるか，もしくは，電流が安定しないキック現象が現れるため橋絡水トリーを精度よく検出できる。電源装置が小さく取り扱いやすく，診断費用が安価なため，国内では高圧ケーブルの診断に広く用いられている。6 kVケーブルの場合，水トリーが橋絡した後も絶縁破壊に至るまでには4～5年間の猶予があると考えられ，2～4年周期で直流漏れ電流法で診断を行い，絶縁破壊事故を防止しているユーザが多い。ただし，2012年に改訂されたIEEE Std 400-2012（IEEE Guide for Field Testing and Evaluation of the Insulation of Shielded Power Cable Systems）では「直流高圧法は，試験後に残留した電荷が復電後に交流電圧に重畳し，絶縁破壊事故を起こす事例が多数あり，また直流の印加が水トリー劣化を加速するリスクがあることから，5年以上使用した定格電圧5 kV以上のケーブルに直流高圧法を適用することは推奨しない」という提言がなされたので注意が必要である。

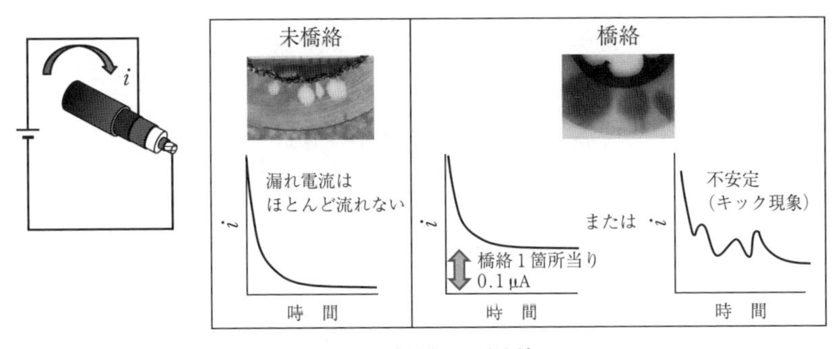

図2.8　直流漏れ電流法

老朽化したCVケーブルに，直流漏れ電流法を行う場合は，できるだけ電圧を低くし，電流の動きを見ながら徐々に昇圧することと，試験後に十分な時間接地を行い（IEEE Std 400-2012では充電時間の4倍以上の時間を推奨している）残留電荷をケーブル内に残留させないことが重要である。

また直流漏れ電流法の代替手段として，絶縁抵抗計による診断がある。**図2.9**[2)]に絶縁抵抗測定法と**表2.3**[2)]にその判定基準例を示す。また，**図2.10**[3)]に3～6 kV 級 CV ケーブル交流破壊電圧と絶縁抵抗の関係を測定した結果を示すが，この図から絶縁抵抗が 10^5 MΩ を超えるケーブルには貫通水トリー（橋絡

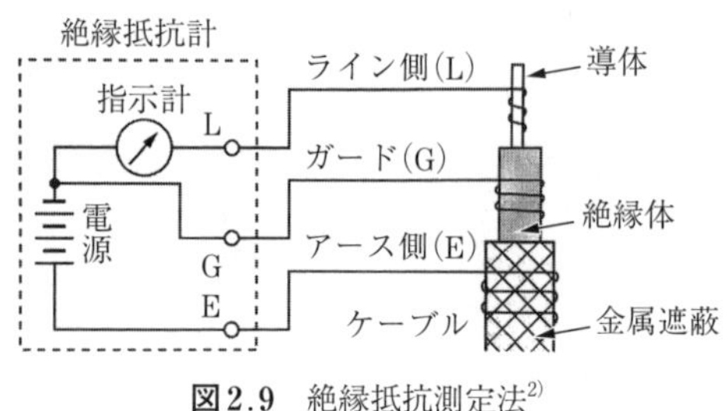

図2.9　絶縁抵抗測定法[2)]

表2.3　絶縁抵抗の判定基準[2)]

測定電圧〔V〕	絶縁抵抗値〔MΩ〕	判　定
1 000 2 000	2 000 以上 500 以上～2 000 未満 500 未満	良 要注意 不良
5 000	5 000 以上 500 以上～5 000 未満 500 未満	良 要注意 不良
10 000	10 000 以上 1 000 以上～10 000 未満 1 000 未満	良 要注意 不良

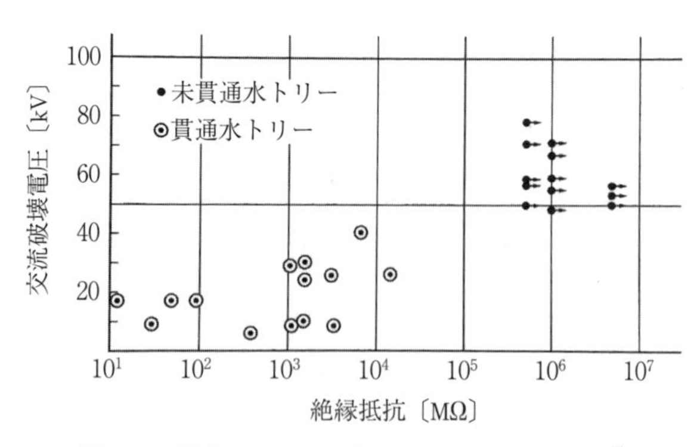

図2.10　撤去ケーブルの交流破壊電圧と絶縁抵抗[3)]

水トリー）は認められず，交流破壊電圧も高いことがわかる。一般的に絶縁抵抗計は補助的な測定器として利用されているが，ガード端子を設置し，表面の漏れ電流が測定系に入らないように接続することで，6 kV 級までの CV ケーブルの橋絡水トリーの検出は可能である。

（2） **損失電流法**　**図 2.11**[4]に示すように，ケーブルに交流電圧を印加した際に流れる損失電流の波形の歪みから未橋絡水トリーを診断するのが損失電流法である。水トリー劣化したケーブルの損失電流は，水トリーの非線形特性によって，印加電圧に対して，わずかに歪む。その歪みの程度は劣化の進行に伴って大きくなることから，損失電流に含まれる高調波（おもに第 3 高調波成分）を水トリー劣化の検出信号とし，未橋絡水トリーの検出を行う。おもに電力会社を中心に，66 kV 以上の電圧で更新優先順位の決定などに利用されている。

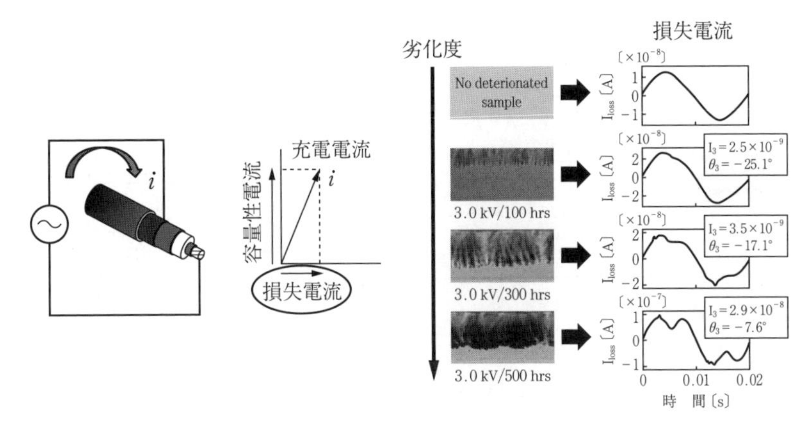

図 2.11　損失電流法[4]

（3） **残留電荷法**　ケーブルに直流電圧を印加すると，**図 2.12**[5]に示すように分極による電荷と同時に水トリーにも電荷が蓄積する。直流電圧を降下した後，いったん接地して分極電荷を消去し，つぎに交流電圧を課電して水トリーに蓄積した電荷を放出させ，直流電流成分として測定する。このように，水トリーに残留した電荷量から未橋絡水トリー劣化を診断する技術が残留電荷法である。

残留電荷法には**図 2.13** に示すように，ステップ昇圧課電法[6]と電荷直読式

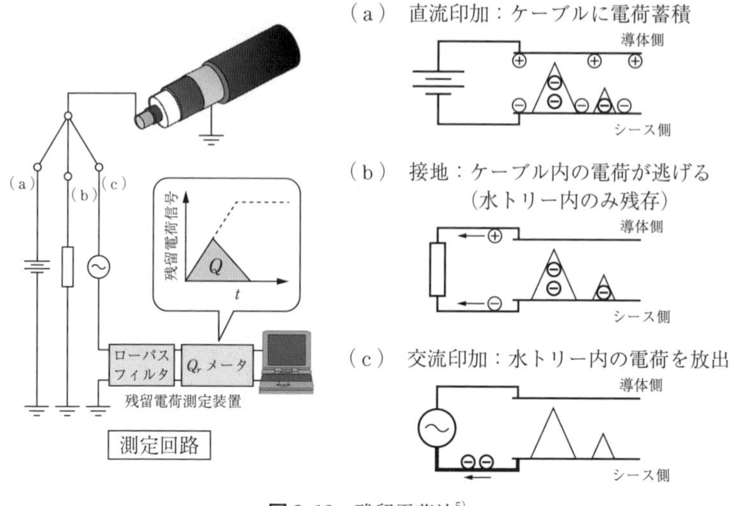

図 2.12　残留電荷法[5)]

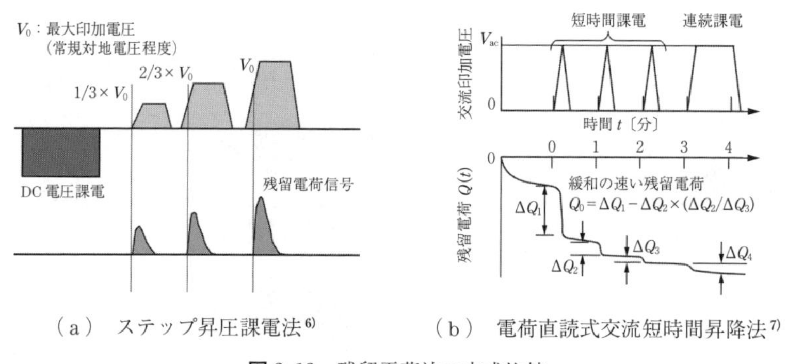

（a）ステップ昇圧課電法[6)]　　（b）電荷直読式交流短時間昇降法[7)]

図 2.13　残留電荷法の方式比較

交流短時間昇降法[7)]の二つの手法がある。ステップ昇圧課電法では，電荷放出用の交流電圧を印加する都度，その大きさを増加させ，残留電荷信号が放出される交流電圧が大きいほど長い水トリーが存在し，絶縁耐力が低いと推定する。一方，電荷直読式交流短時間昇降法では，交流電圧を短時間で昇圧・降圧を繰り返し，最初の交流電圧印加時の応答性の速い残留電荷から水トリー劣化したケーブルの絶縁耐力を推定する。いずれも電力会社を中心に，22 kV 以上のケーブルに適用されている。

（4） **IRC　法**　IRC（isothermal relaxation current）法は，**図 2.14** に示す回路で 500～1 000 V の直流電圧を 30 分間印加し，5 秒間放電した後の 30 分間の残留電荷の放出特性（緩和時間）を評価して水トリー劣化を診断する技術である。前述の残留電荷法が残留電荷を交流印加で緩和させていたのに対して，IRC 法では，交流印加は行わず緩和時間を測定することで水トリー劣化を診断する。**図 2.15**[8] にケーブルに蓄積した電荷の緩和特性を示す。材料中の不純物に蓄積する電荷は 5～10 s で，絶縁体と半導電層の境界に蓄積する電荷は 30～100 s で，水トリーに蓄積する電荷は 200～500 s で緩和することが知られており，緩和電流と時間の積がピークになる時間から水トリーの劣化の診断を行う。

IRC 法は，国内ではおもに製鉄会社において，22 kV 以下のケーブルに対して適用されている。

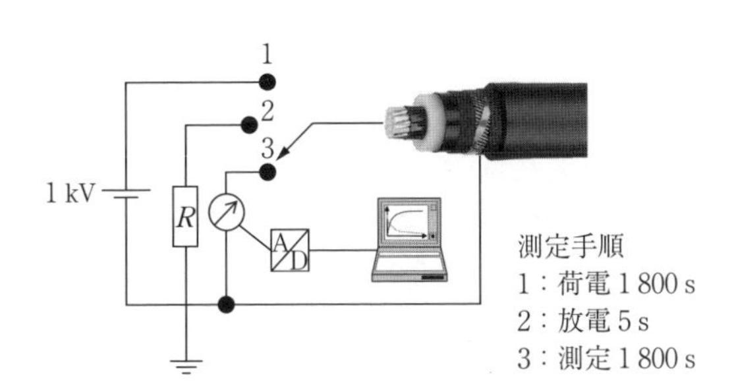

図 2.14　IRC 法の測定回路

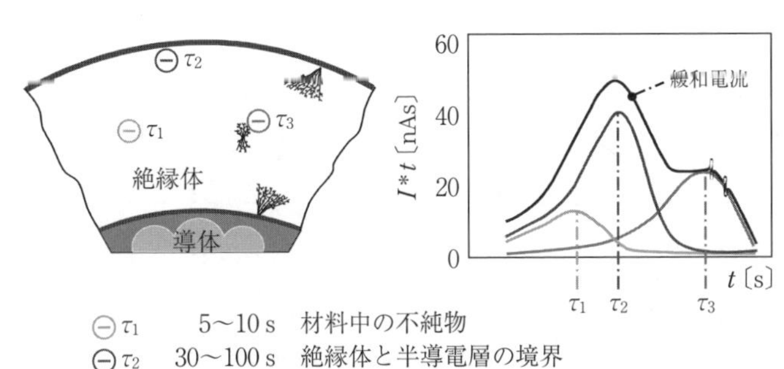

図 2.15　緩和電流の緩和時間と発生要因[8]

コラム 2.1　超低周波交流電源を使った診断技術

海外では，試験電圧に超低周波（0.1 Hz）の交流電源を用いる試験法が普及している。超低周波（very low frequency）の頭文字をとって VLF 法と呼ばれるこの方法は，**図 1** に示すように商用周波数の交流電源に比較して充電電流が少ないため，装置を小型化できるメリットがある。当初，耐電圧試験向けに装置が開発され，その後 tanδ による絶縁診断に用いられるようになった。低周波を用いることで，損失電流測定の SN 比が高いことや，エネルギー量が小さいため，絶縁破壊時に周辺へのリスクが小さいことなどが特徴である。

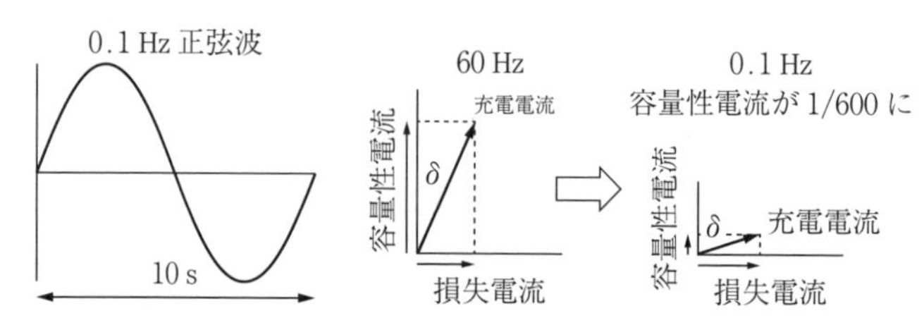

図 1　VLF 電源を使用するメリット

VLF 法は専用のガイドラインとして IEEE std 400.2-2013 IEEE Guide for Field Testing of Shielded Power Cable Systems Using Very Low Frequency（VLF less than 1Hz）が発行され，世界標準の診断技術として定着しつつある。国内ではいまだ普及の段階ではないが，今後グローバル化が進む中で注目しておくべき技術の一つである。参考に，このガイドラインにおける tanδ 試験の概要を**図 2** に，判定基準を**表 1** に示すが，手順と判定基準が標準化されているのがわかる。

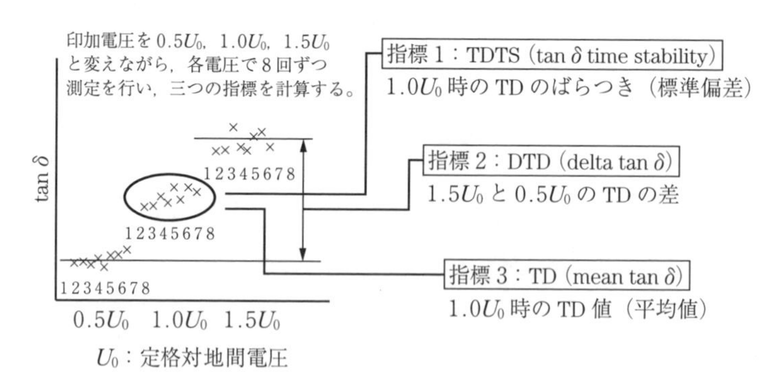

図 2　VLF–tanδ 法の概要

表1 VLF-tan δ 法の判定基準，適用範囲 30 m～3 km

試験項目	tan δ の標準偏差 TDTS（10^{-3}）		tan δ の差 DTD（10^{-3}）		tan δ の平均値 TD（10^{-3}）
測定値／判定	U_0 における tan δ の標準偏差		$0.5U_0$ 時の tan δ と $1.5U_0$ 時の tan δ の差		U_0 を印加したときの tan δ の平均値
正常	<0.1	&	<5	&	<4
要調査	0.1～0.5	or	5～80	or	4～50
要対策	>0.5	or	>80	or	>50

〔注〕 ポリエチレン，架橋ポリエチレンケーブル 0.1 Hz

（b） **オンライン水トリー診断技術**　水トリーを活線状態で診断する技術が開発され実用化されている。いずれも橋絡水トリーを診断するもので，11 kV 以下の高圧ケーブルが対象になる。未橋絡水トリーを診断できるオンライン診断技術は，残念ながら現時点で実用化されたものはない。

現在実用化されているオンライン診断技術を以下に詳述する。

（1） **交流重畳法**　図 2.16[9] に示す回路でケーブル接地線から商用周波数の 2 倍+1 Hz（101/121 Hz）の電圧（50 V）を重畳し，接地線に流れる 1 Hz の信号を検出して劣化の度合いを判定する。

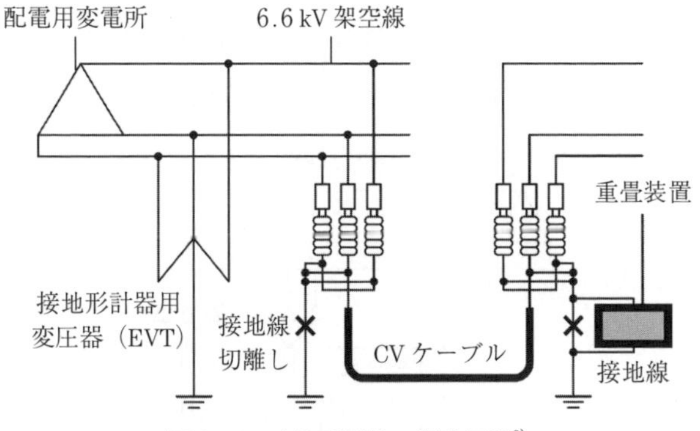

図 2.16 交流重畳法の測定回路[9]

安全かつ簡便に測定可能で，橋絡水トリーの検出性能が高いとされている。適用は6.6 kV以下のE-TタイプのCVケーブルが対象になる。

（2） **直流重畳法**　例えば，OLCM（on-line cable monitor）に代表される装置は，**図2.17**[9]に示す接地形計器用変圧器（EVT）の中性点から50 Vの直流電圧を重畳し，ケーブル接地線から検出される直流電流からケーブルの絶縁抵抗を算出する技術である。橋絡水トリーを検出可能で，5〜6 kV印加時の直流漏れ電流法に相当する劣化検出性能を持っているとされており，抵抗接地系と非接地系の両方に対応し，11 kV以下のケーブルに適用されている。

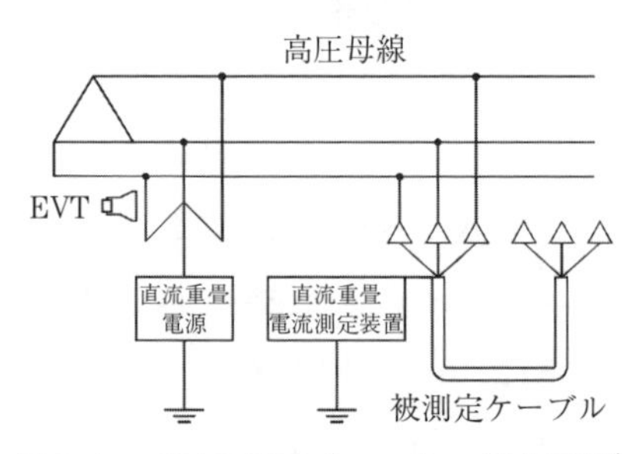

図2.17　直流重畳法（OLCM）の測定回路[9]

（3） **直流ブリッジ法**　LINDA（live wire insulation diagnoser）の名称で知られる**図2.18**[9]の方式は，劣化検出原理はOLCMと同じであるが，直流の検出回路にブリッジを使用している部分が異なる。OLCMと同様に，橋絡水トリーを検出可能であるが，抵抗接地系での電流容量などの条件により適用でき

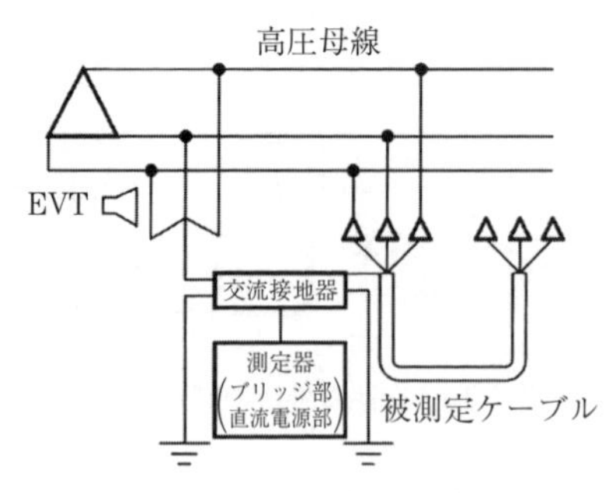

図2.18　直流ブリッジ法（LINDA）の測定回路[9]

ないケースがある。

〔2〕 **遮蔽銅テープ破断の診断技術**

遮蔽銅テープ破断を診断する技術として，以下の技術がある。

(**a**) **オフライン遮蔽抵抗測定**　一般的に実施されるのは，電路を停電し，主回路を帰路としてテスタで遮蔽抵抗を測定する方法である。抵抗値として 50 Ω/km 未満であることと，三相のバランスを確認することがポイントになる。また，主回路を帰路とする測定が難しい場合，**図 2.19** に示すように多重接地抵抗計を用いて簡易に遮蔽抵抗値を測定する方法がある。この場合，A 相＋B 相，B 相＋C 相，C 相＋A 相の抵抗値から連立方程式を解いて各相の抵抗値を求める。ただし，この方法は三心一括形のケーブルには適用できない。

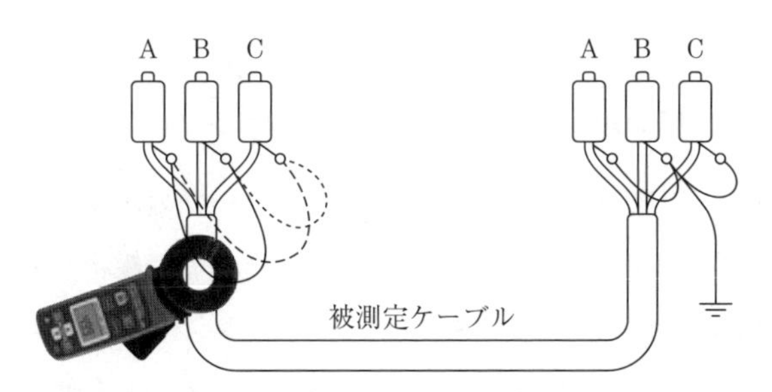

図 2.19　多重接地抵抗計を用いた遮蔽抵抗値の測定例

(**b**) **オンライン遮蔽抵抗測定**　3 kV・6 kV の CVT および単心 CV ケーブルを対象にした活線シース絶縁・遮蔽層抵抗の測定装置が開発されている。シース絶縁抵抗を測定する回路図を**図 2.20** (a)[10]に示すが，片端の接地線路の三相一括接地点に商用電圧接地用コンデンサを挿入して，シースに直流電流を流し，電圧を測定して抵抗値を算出する。また，遮蔽抵抗を測定する回路は図 2.20 (b)[10]に示すように，例えば黒相-赤相の抵抗の測定では，黒相-赤相のシールド線に直流電流を流し電流，電圧を測定して抵抗値を算出する。測定は黒相-赤相，赤相-白相，白相-黒相を切り替えて行い，各相の抵抗値は連立方程式を解いて求められる。

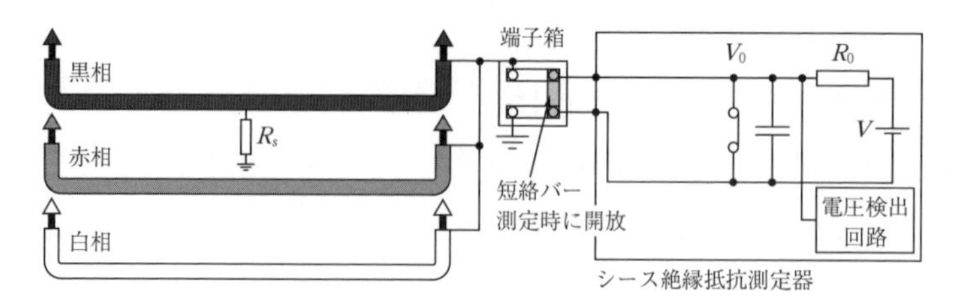

（a）活線シース絶縁測定回路[10)]

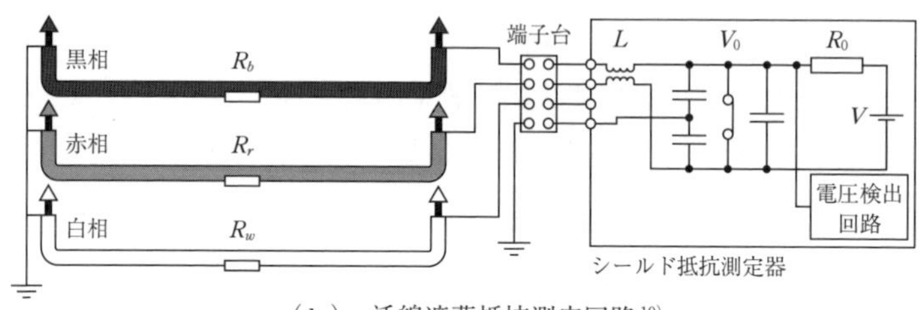

（b）活線遮蔽抵抗測定回路[10)]

図 2.20　活線シース絶縁・遮蔽層抵抗の測定回路

（c）オンライン部分放電の測定　遮蔽銅テープの破断で生じる部分放電をケーブル外装の上から静電結合センサを押し当てて活線状態で検出する。その一例を**図 2.21** に示す。この診断法は，ケーブルシースの外側から遮蔽層に誘起する部分放電の電圧信号を検出し，帯域通過フィルタを使って周波数ごとに部分放電の位相特性（phase resolved partial discharge：PRPD）パターンを描きノイズの弁別を行う。また，周波数による減衰特性の違いから発生源の推定も行うことができる。一度の測定に要する時間は 1 箇所約 30 分で，測定点から 300 m の範囲の部分放電が検出できる。

ケーブルのオンライン部分放電診断は，ケーブル本体や端末・接続部だけでなく，接続されている機器からの部分放電も検出できるため配電盤の事故防止にも有効である。

CV ケーブルの各種絶縁診断技術の適用一覧を**表 2.4** に示す。

(1)

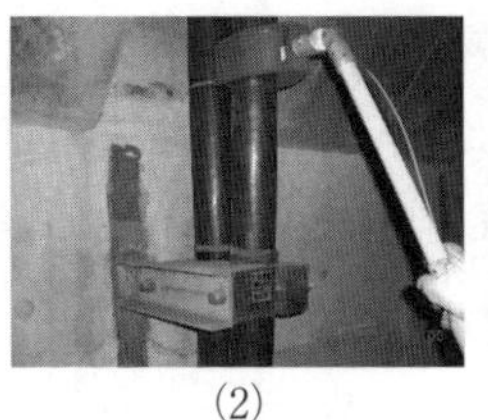

(2)

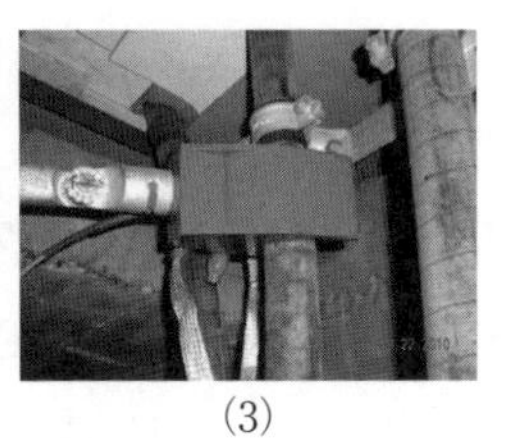

(3)

（a） 測定状況

（b） 静電結合センサ

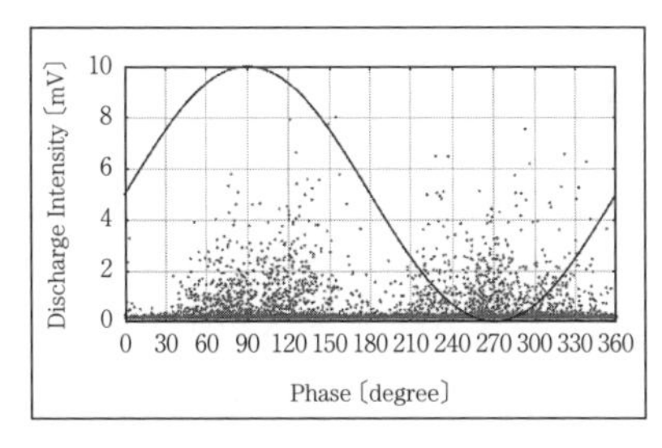

（c） 解析事例

図 2.21 オンライン部分放電診断の事例

表 2.4 CV ケーブルの各種絶縁診断技術の適用一覧

診断法		適用電圧〔kV〕	診断項目				備考
			ケーブル本体			端末・中間接続	
			水トリー劣化		熱劣化など		
			橋絡	未橋絡			
オフライン	絶縁抵抗法	3〜33	○	×	×	△	著しい劣化の確認程度
	直流漏れ電流法	3〜11	○	×	×	△	貫通水トリーの検出精度が高い
	残留電荷法	22〜77	○	○	×	×	
	損失電流法	66〜77	○	○	×	×	
	IRC 法	3〜22	○	○	×	×	
	VLF-tanδ 法	3〜22	○	△	○	○	IEEE で標準化されている
オンライン	直流重畳法	3〜11	○	×	×	△	常設形も普及している
	ブリッジ法	3〜6	○	×	×	△	
	交流重畳法	3〜6	○	×	×	×	現状は E-T タイプに対応
	活線 tanδ 法	3〜6	○	×	△	△	
	部分放電法	3〜	×	×	△	○	各種診断装置が開発されている

2.1.4 電力ケーブルの故障点標定技術

電力ケーブルが絶縁破壊した際，絶縁破壊した部分を除去して復旧することが必要になるが，多くの場合，故障点の位置標定は端末から行うことになる。特にCVケーブルの場合，地絡点で炭化物が気化して高い抵抗値になり，故障点の位置標定に手間取る場合がある。ここでは，各種故障点の位置標定技術について述べる。

〔1〕 マレーループ法

図2.22に示すように，事故相と健全相を使ってブリッジ回路を構成し，故障点までの抵抗値の比から位置標定を行うのがマレーループ法である。故障点標定誤差は，全長の1%以下と高い精度を得られるため，最も多く使用されている。また，導体サイズが異なるケーブルが混在している場合でも，いずれか1種類の太さに換算して実距離を求めることができる。ただしマレーループ法は，線路が溶損・断線している場合はブリッジ回路が成立しないため，適用ができない。このため，事前に線路抵抗を測定し，断線がないことを確認することを忘れてはならない。また，故障点の標定に必要な直流電流は50 mA程度で，地絡点の抵抗が大きい場合，直流高電圧を印加して焼成する必要がある。焼成を行う場合は，周辺への影響がないかを検討することも重要である。

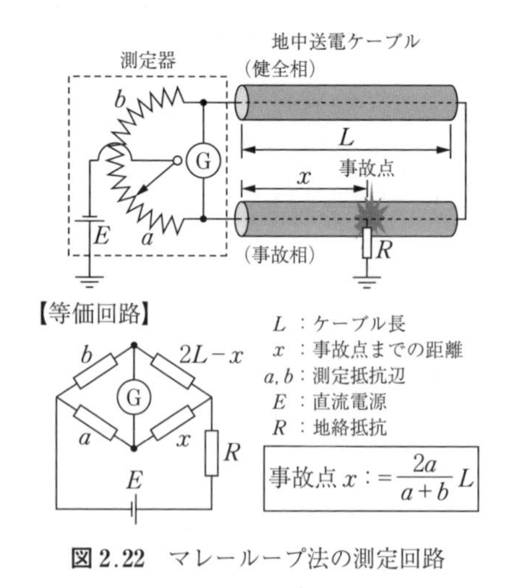

図2.22　マレーループ法の測定回路

〔2〕 TDR 法

TDR（time domain reflectometry）法はパルスレーダ法とも呼ばれ，ケーブルの片端から数十Vのパルス電圧を印加し，反射波の到達時間から故障点の位置標定を行うものである。帰路となるケーブルが不要で，地絡故障だけでなく断線の位置標定もできる。また，対象は主絶縁だけでなく，遮蔽層の故障点検出にも利用できる。故障点の抵抗が300Ω以下の場合，またはケーブルが断線している場合，全長の1%程度の分解能で故障点検出を行うことができる。**図2.23**にTDRの故障点標定原理を示すが，TDR装置から印加されたパルス信号は故障点で反射し，故障点が開放の場合は上向きで，短絡の場合は下向きのパルスで観測される。あらかじめケーブルの信号伝搬速度 V がわかっている場合は，パルスの印加から反射パルスの観測までの時間 t に V を乗じて2で除すこと（t は往復時間であるため）で，故障点までの距離 l を求めることができる。

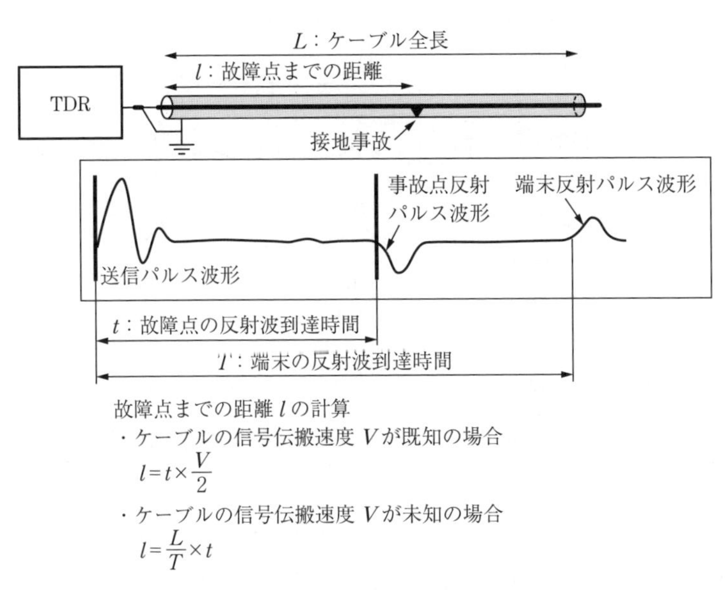

図2.23　TDRの故障点標定原理

また，ケーブルの信号伝搬速度 V が不明でもケーブルの全長 L がわかっている場合は，ケーブルの遠端からの反射パルスの到達時間 T を測定し，故障点からの反射時間 t との比 t/T を L に乗じることで故障点までの距離 l を求めることができる。ケーブルの遠端からの反射パルスの測定に当たっては，遠端の心線と遮蔽層の短絡・開放を繰り返し，反射パルスの向きが上下反転することを確認するとわかりやすい。ケーブルの信号伝搬速度 V とケーブルの全長 L の両方が不明の場合は，CV ケーブルの信号伝搬速度は光速の約 49〜62%（147〜186 m/µs）程度であるので，誤差は大きくなるが，これを適用して故障点の範囲を推定する。**表 2.5** にケーブルの状態と TDR 波形の例を示す。

表 2.5　ケーブルの状態と TDR 波形の例

事　　象	TDR 波形
遠端開放 接続部なし	近端　遠端
l 部で地絡	l
l 部で接続	l
接続部 l が湿潤	l
l 部に水の浸入	l
l 部で遮蔽層が腐食	l

〔3〕 ARM 法

TDR では，故障点の抵抗が 300 Ω を超えると地絡位置標定が困難であるが，数 kV の高圧パルスを印加し故障点で発生するアーク地絡のパルスを計測することで，高抵抗接地故障にも対応できる技術が ARM（arc reflection method）である。

図 2.24 において，片方の端末から高電圧サージ電圧を印加すると故障点でアークが発生し，パルス信号が伝搬してくる。最初のパルスは，パルスが直接

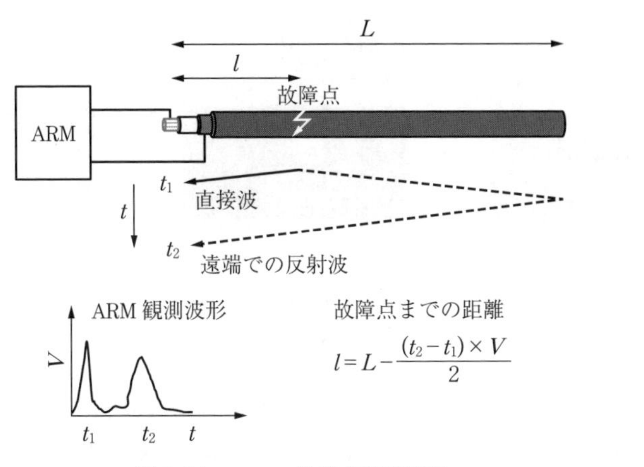

図 2.24　ARM の故障点標定原理

伝搬してくるもので，2 番目のパルスは，パルスが遠端の端末で反射して伝搬してくるものである。ケーブル全長 L，故障点までの距離 l，パルスの伝搬速度 Vとすると，故障点までの距離はパルスの到達時刻 t_1 および t_2 の差から図中の式で求めることができる。L または Vが不明の場合は，前述の TDR を用いて遠端からの反射時間 Tを測定し，$2L=VT$の関係を用いて L または Vを Tに置き換える。また，Lと Vの両方が不明の場合は，TDR と同様に Vを 147〜186 m/μs で計算し，故障点の範囲を推定する。ARM を用いると，直流焼成に比較して焼成エネルギーを小さく抑えることができるため，安全に故障点標定を行うことが可能である。最新の ARM は，160 km の線路を 0.1 m の分解能で故障点標定できる装置も開発されている。

2.2 変　圧　器

2.2.1 変圧器の絶縁構造と劣化

変圧器は巻線と鉄心を用いて交流の電圧を用途に合わせた電圧に変換する変電設備に欠かせない機器である。**図 2.25** に示すように電気絶縁の方式で油浸絶縁を用いた油入変圧器と，樹脂または樹脂を含んだ絶縁基材を用いたモール

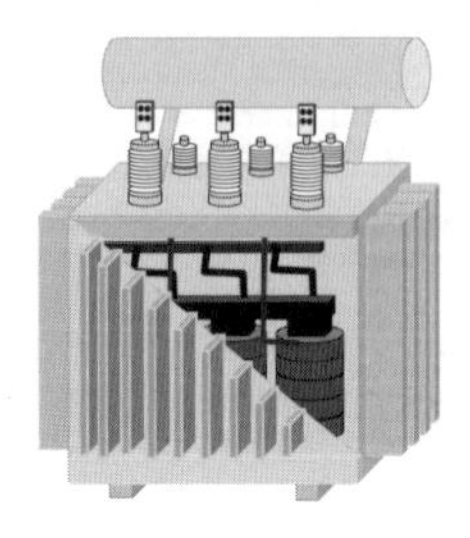

（a） 油入変圧器

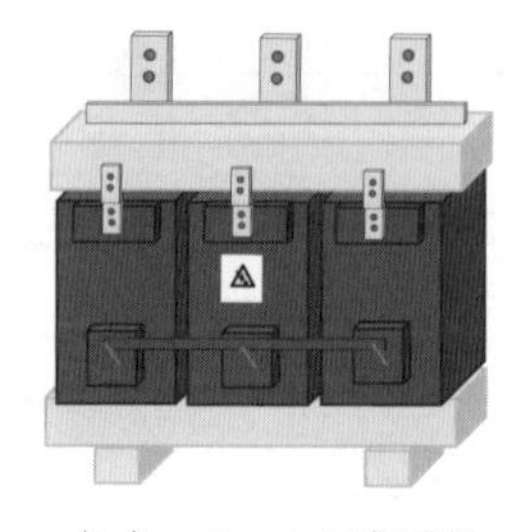

（b） モールド変圧器

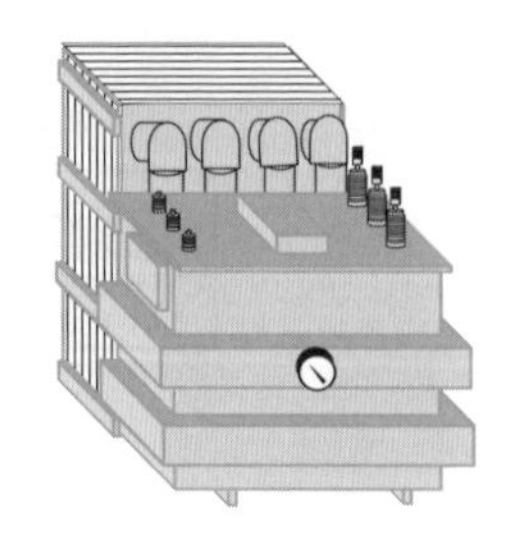

（c） ガス絶縁変圧器

図 2.25　各種変圧器

ド変圧器，SF_6 ガスと高分子フィルムを主たる絶縁媒体としたガス絶縁変圧器などがある。一般的に，産業用では油入変圧器が多く使用されている。

油入変圧器は絶縁紙を絶縁油に浸すことで絶縁性能を得るもので，絶縁紙は物理的な構造の保持，絶縁油は電気絶縁だけでなく，流動して放熱器に熱を運ぶ冷却の役割を担っている。油入変圧器に使用されている絶縁材料の中で，経年劣化が認められるものは絶縁油および絶縁紙やプレスボードなどのセルロース系材料である。変圧器コイル本体に使用される絶縁紙などの材料は，定期点検などで取替え困難な場合が多く，変圧器の寿命を支配する。

油入変圧器は定格の範囲で使用すれば，1.2.3 項で述べたアレニウスの式に沿って緩やかな速度で劣化が進行する場合が多い。一方，過負荷運転を継続したり，タップ切替器や内部結線部の接触不良で局部過熱が生じたりすると，急速に絶縁耐力が低下して最終的に絶縁破壊事故に至る。油入変圧器で絶縁破壊事故が発生すると，火災に至る場合があるため，診断によって健全性を確認することが重要である。

モールド変圧器は，巻線の全表面が樹脂または樹脂を含んだ絶縁基材で覆われた構造の変圧器で，油を使用しないため防災に対する安全性と保守の容易さから，ビルや屋内電源設備などで使用されている。モールド変圧器は，部分放電による絶縁耐力の低下から絶縁破壊事故に至る場合がある。

ガス絶縁変圧器は不燃性の特徴を生かし，防災面から地下変電所やビルなどで使用されるが，特殊用途のため，ここでは説明の対象に含めない。

2.2.2 変圧器の事故統計

2.1.2項でも記述した「事故詳報に関する報告」によると，**図2.26**に示すように波及事故に至った電気工作物の破損事故の約5%が変圧器の破損である。ケーブルや遮断器に比較して変圧器の事故の割合は小さいが，事故時の影響の大きさを考えると，変圧器の診断は重要である。

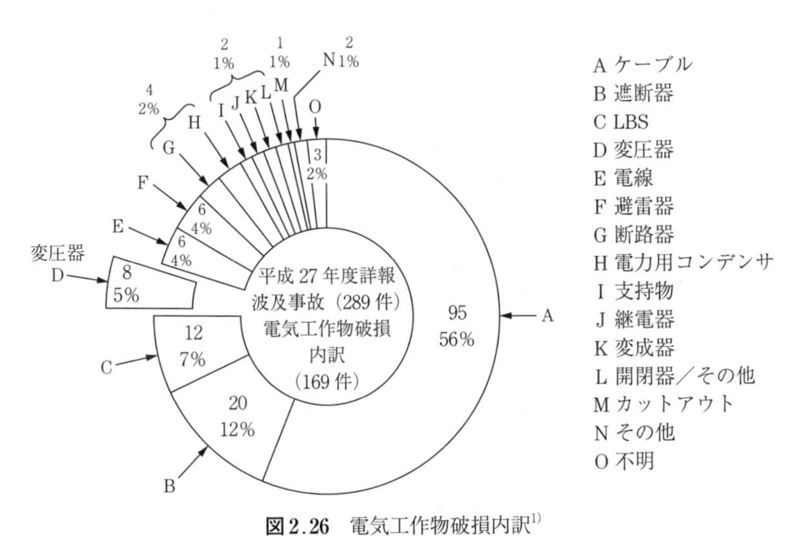

図2.26　電気工作物破損内訳[1)]

2.2.3 変圧器の診断技術

〔1〕 絶縁油を用いた診断技術

油入変圧器は，絶縁油を採取して分析することでさまざまな診断を行うことができる。その診断の目的は三つに大別される。

① 絶縁油の絶縁性能と劣化の分析

② 局部過熱など内部異常の診断

③ 絶縁紙の劣化分析

以下，それぞれの診断技術について詳述する。

（a） 絶縁油の絶縁性能と劣化の分析　変圧器の絶縁油は過熱や空気・湿分の混入，部分放電などによって酸化劣化し，絶縁耐力が低下する。絶縁油の酸化度は1g当りの滴定に要する水酸化カリウム（KOH）量，すなわち全酸価を測定して求める。また，水分が混入すると絶縁油の固有抵抗や絶縁耐力が低下するだけでなく変圧器の寿命に大きな影響を及ぼす。**図2.27**は変圧器の期待寿命と使用温度，湿分の関係を示したものである。乾燥状態の変圧器は90℃で運用すると40年の寿命が期待できるが，1%の湿分が混入すると期待寿命は12年に低下し，湿分が3%になると期待寿命は2年に低下する。絶縁油の絶縁性能と湿分の確認は，変圧器を長期に使用するうえで重要である。

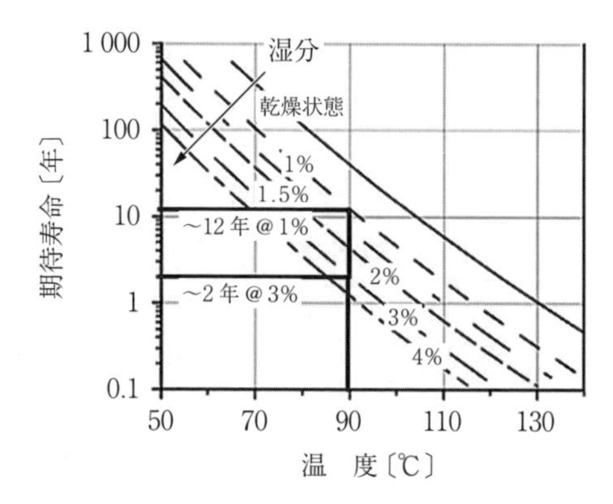

図2.27　変圧器の期待寿命と使用温度，湿分の関係

（b）　局部過熱など内部異常の診断　　変圧器内部で局部過熱や部分放電が発生すると絶縁紙の分解，絶縁油の酸化などによって分解ガスが油中に溶出する。一般に，変圧器内部の局部過熱や部分放電で生じるガスは**表2.6**に示すとおりである。これらのガスを絶縁油からガスクロマトグラフによって分離・定量化し，内部異常を診断する。

鉱油を用いた変圧器の油中ガス分析結果の判断は，電気協同研究 Vol.65, No.1「電力用変圧器改修ガイドライン 2009.9」に基づき3章で詳述するが，電気協同研究 Vol.65，No.1の判定基準は大型変圧器（2 000 kVA 以上）を対象にしたもので，配電用の中型変圧器（200～1 000 kVA）に適用する場合，**図2.28**に示すようにCO，CO_2発生量が大きくなる傾向があるので注意が必要である。この原因は，絶縁物材料や空間部の封入気体および製造工程が異なるこ

表 2.6　異常の種類による発生ガスの成分

異常の種類		おもな発生ガス
過熱	絶縁油	水素（H_2），メタン（CH_4），エチレン（C_2H_4），エタン（C_2H_6），プロピレン（C_3H_6），プロパン（C_3H_8）
	油浸固体絶縁物	一酸化炭素（CO），二酸化炭素（CO_2），水素（H_2），メタン（CH_4），エチレン（C_2H_4），エタン（C_2H_6），プロピレン（C_3H_6），プロパン（C_3H_8）
放電	絶縁油	水素（H_2），メタン（CH_4），アセチレン（C_2H_2），エチレン（C_2H_4），エタン（C_2H_6）
	油浸固体絶縁物	一酸化炭素（CO），二酸化炭素（CO_2），水素（H_2），メタン（CH_4），アセチレン（C_2H_2），エチレン（C_2H_4），プロピレン（C_3H_6）

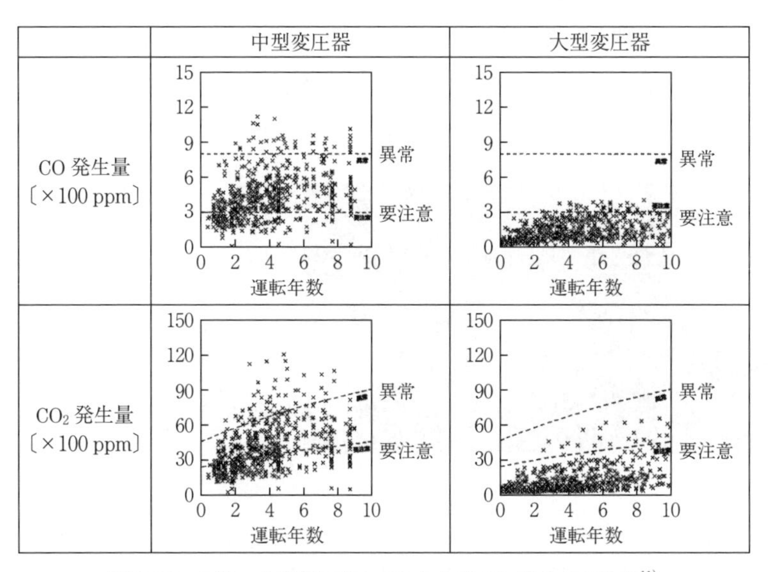

図 2.28　大型・中型変圧器の CO および CO_2 発生量の比較[11)]

と，さらに中型変圧器では大型変圧器と比べて絶縁油に対する絶縁物の比率が高いことなどが影響していると考えられている。したがって，配電用の中型変圧器（200～1 000 kVA）に対して前述のガイドラインを適用し異常と判定されても，同型器との比較や，他のガスの発生状況などから異常の有無を判断する必要がある。

これらの油中ガス分析は，半年～数年といった周期で行われているが，近年，分析装置を常設して連続監視する連続モニタリング装置が開発され，重要機器へ適用されるようになってきた。連続モニタリング装置は，ガスを何種類分析するかによって機種の選択が可能で，**図 2.29** に 5 種類のガスを分析する装置の例を示す。この装置は図に示すように変圧器の排油フランジ部分に設置し，チャンバ減圧→絶縁油抽出→脱気→測定→排気→排油（戻油）の一連の動作を 20 分間かけて行い，**表 2.7** に示す 6 項目の分析を自動で実施する。標準で 4 時間ごとに分析を行い，測定結果に大きな変動が見られた場合には 20 分ごとの分析に自動的に切り替わる。一度設置すると，メンテナンスフリーで設計寿命の 13 年間連続動作する。測定結果は本体内蔵メモリに保存され，LAN 経由でデータを取り込むこともできる。また，連続モニタリング装置で測定した結果は様相判定アルゴリズムを用いて自動判定され，人手によるガスパターン判定のミスを防止できるほか，異常に至る経緯を時系列で追うことができ，

図 2.29　油中ガスの連続モニタリング装置

表 2.7　油中ガスの連続モニタリング装置の仕様

油中ガス／水分測定		精　度	測定原理
測定項目	検出範囲		
水素 H_2	0 ～ 2 000 ppm	± 15 % ± 25 ppm	マイクロ電子ガスセンサ
一酸化炭素 CO	0 ～ 5 000 ppm	± 20 % ± 25 ppm	近赤外線ガスセンサ
アセチレン C_2H_2	0 ～ 2 000 ppm	± 20 % ± 5 ppm	
エチレン C_2H_4	0 ～ 2 000 ppm	± 20 % ± 10 ppm	
水分 H_2O（Aw）*	0 ～ 100 %	± 3 %	薄膜容量式水分センサ
鉱油中の水分	0 ～ 100 ppm	± 3 % ± 3 ppm	

〔注〕 *Aw：水分活性値

異常の早期発見と予防保全の高度化を図ることができる。

（c） **絶縁紙の劣化分析**　絶縁紙はおもにセルロース繊維によって構成されているが，セルロース分子が酸化劣化するとセルロース分子鎖が切れて重合度が低下し，機械的強度が低下する。変圧器用絶縁紙の平均重合度評価基準（JEM1463-1993）では，寿命レベルの平均重合度は450以下，危険レベルの平均重合度は250以下，と定めている。

絶縁紙の平均重合度は，絶縁油中に溶存した$CO+CO_2$やフルフラールの量を測定することで推定できることから，油中ガス分析結果のうち，絶縁紙の劣化に伴う劣化生成物（$CO+CO_2$，フルフラール）の発生量と平均重合度の関係を用いて劣化と余寿命の判定が行われている。

$CO+CO_2$量による劣化診断は，変圧器の油劣化防止機構が隔膜式や浮動タンク式の場合にはそのまま適用できるが，窒素ガス封入式や開放形変圧器ではガス量の補正計算が必要である。また，絶縁油の交換，脱気を行った場合には，処理前のガス量に処理後のガス量を加算して判定する必要がある。一般に，フルフラールによる分析のバックチェックで用いられることが多い。

〔2〕 部分放電診断技術

油入変圧器もモールド変圧器も，その劣化の進展過程において部分放電が生じる場合が多いため，劣化の予兆検出としてオンライン部分放電の診断は有効である。

1章で述べたとおり，部分放電の検出方法には，電気的な手法と音響的な手法があり，電気的手法ではブッシングに内蔵されたブッシングタップセンサ，接地線に設置する高周波CT，タンク壁に設置するTEVセンサ，UHFアンテナなどが使用され，音響的な手法ではタンク壁に設置するAEセンサなどが使用される。

ブッシングタップはブッシングにあらかじめ装備された部分放電検出センサで，海外では一般的であるが国内品では装備されていない場合が多い。高周波CTは，ケーブルの遮蔽接地線や本体の接地線から部分放電を検出するもので，変圧器につながる機器によっては高調波ノイズが多く重畳する場合がある。TEVセンサは，変圧器の筐体に生じる過渡接地電圧を検出するセンサで設置が容易であるが，外部からのノイズも受けやすい。超音波法は，部分放電で生じる弾性波が油中を伝搬して筐体に衝突する際のAE信号を検出するもので，測定位置と検出レベルや到達時間差から部分放電の発生位置の推定を行う試みもなされている。しかし内部での反射が錯綜（さくそう）するため位置標定は容易ではない。

変圧器の部分放電は，ブッシング，タップチェンジャ，タンク内部機器，モールド沿面などで生じるが，AEセンサとTEVセンサは，部分放電の発生部位を想定してセンサの設置位置を複数選択することで測定精度を向上させることができる。各センサの設置例を**図2.30**に，また，海外の事例ではあるが，電力用油入変圧器の部分放電の判定基準例を**表2.8**に示す。実際にオンラインで部分放電を検出する場合，正確な校正値を得ることは難しい。またノイズが多く重畳するため，原理の異なるセンサの測定結果を複数組み合わせて状態評

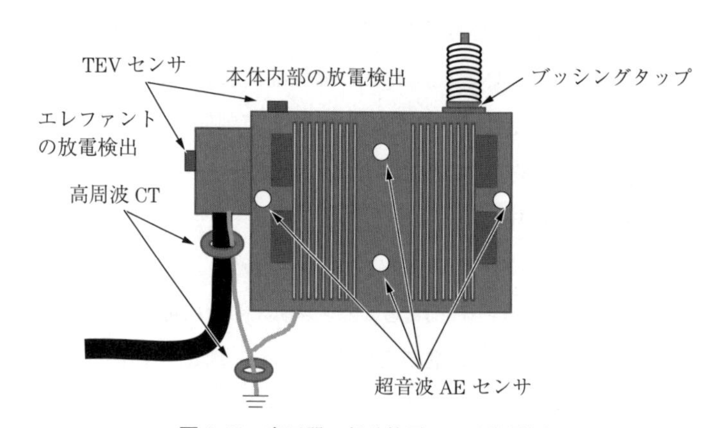

図2.30　変圧器の部分放電センサ設置例

表2.8　油入変圧器の部分放電の判定基準例

絶縁の状態評価	部分放電最大値〔pC〕
劣化なし	10～50
普通の劣化	＜500
要注意	500～1 000
不良	1 000～2 500
修復できない劣化状態	＞2 500
危険	＞100 000～1 000 000

〔備考〕 高圧/特別高圧，電力用変圧器（6.6 kV～）

価を行うことが重要といえる。また，油中の部分放電は油の流動によって部分放電の発生と消滅を繰り返す場合があるため，部分放電を連続測定する装置も実用化されている。

図 2.31 に TEV センサによる変圧器の部分放電測定事例を紹介する。この変圧器は 11 kV/440 V の配電用変圧器で，油中ガス分析による水素の発生量が，1 箇月で 20 ppm から 10 000 ppm に増加したものである。高周波 CT と TEV センサにより部分放電の測定を行った結果，高周波 CT で 20 000 pC から 50 000 pC が，TEV センサで 100 mV 以上のパルスが検出された。また，複数箇所の TEV センサの測定値を比較することで，発生部位は変圧器の内部であることが特定された。

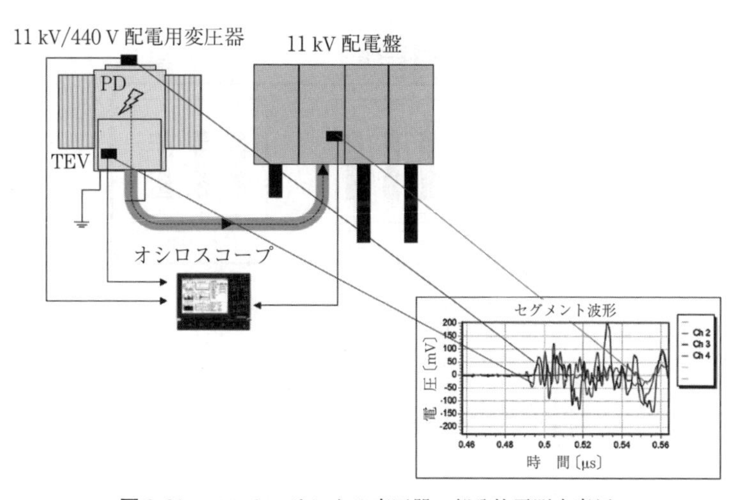

図 2.31　TEV センサによる変圧器の部分放電測定事例

〔3〕 周波数応答解析

変圧器は，巻線の抵抗 R とインダクタンス L，巻線相互間および巻線と筐体間の静電容量 C が組み合わされた LCR 回路で構成されていると考えることができる。変圧器の巻線で変形や接触不良が起きると，この LCR 回路の周波数応答特性が変化するので，健全時の周波数応答特性を記録しておき，現時点の周波数応答特性と比較することで，変圧器内部の異常を検出することができる。周波数応答解析（frequency response analysis：FRA）は，変圧器を停止して外部端子に測定器を接続し，入力電圧に対する入力電流や，他巻線電圧の関係を数十 Hz～1 MHz 程度の周波数範囲で測定して健全時の測定結果と比較して異常検出する技術である。健全時の測定結果が得られていない場合には，同一形式品の測定結果あるいは被試験品の他巻線の測定結果を比較対象として利用する。**図 2.32** に FRA の測定回路例を，**図 2.33**[12] に測定事例を示す。IEEE Std C57.149-2012 でガイドラインが発行され，少しずつ普及し始めている。国内では，おもに電力会社で大型変圧器に対して適用研究が進められている。

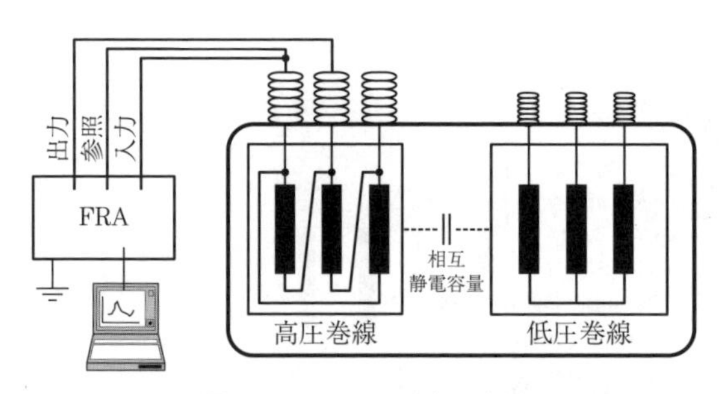

図 2.32　FRA の測定回路例

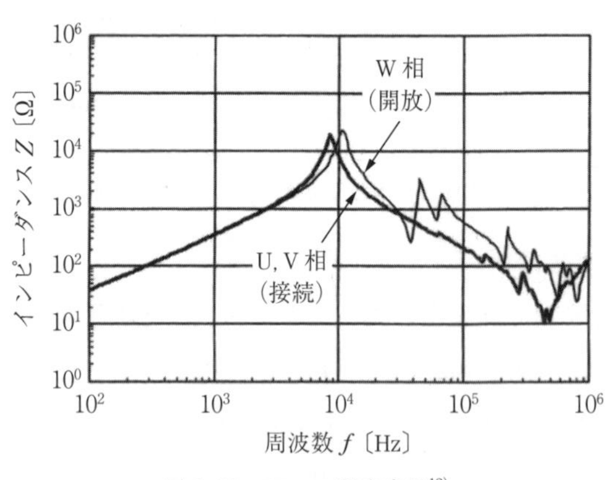

図 2.33　FRA の測定事例[12]

コラム 2.2　周波数応答で水分量を測る

FRA と混同されがちな技術に DFR（dielectric frequency response）がある。

DFR は，変圧器など油浸紙絶縁の機器に対して誘電正接の周波数応答を測定することで，内部の水分量を推定する技術である。変圧器の水分量は寿命に大きな影響を与えるが，油中の水分は，温度によって油と絶縁紙の間を移動するため測定が難しく，正確な測定はセルロースサンプルのカールフィッシャー滴定などで行う必要がある。DFR は，カールフィッシャー滴定を使用した直接測定に匹敵する精度で水分量の推定を行うことができ，注目を集めている技術である。国内ではいまだ普及していないが，海外では変圧器の管理項目に織り込んでいる会社もある。今後グローバル化が進むことで耳にする機会が増えるものと考えられる。**図 1** に DFR の測定回路例を，**図 2** に測定事例を示す。

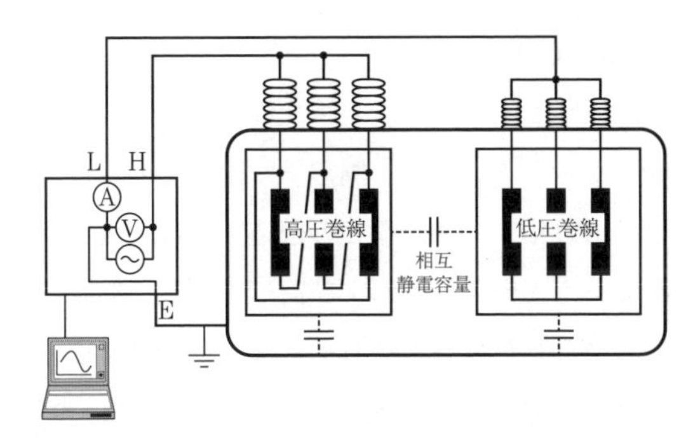

図 1　DFR の測定回路例

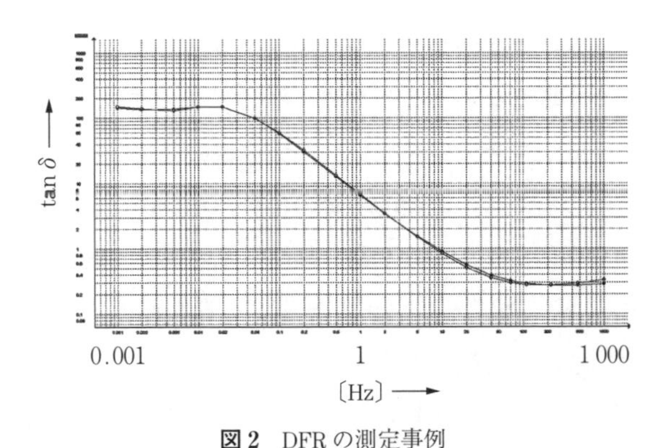

図 2　DFR の測定事例

2.3 回　　転　　機

電気機器の中でも大型電動機や大型発電機は，経済的な事情から予備機を持たない場合が多く，突発故障が生じると長期的な停止を余儀なくされる。一般に，これらの機器は高電圧の下で強い機械的・熱的・電気的ストレスを受けながら稼働するため，他の電気設備に比較して劣化の進行が早く，適切なメンテナンスや適時の更新を行うことが重要となる。ここでは，回転機の CBM に不可欠な絶縁診断技術について，構造と絶縁材料を交えて詳述する。

2.3.1 回転機の構造と劣化

回転機の構造は，固定子枠，固定子コア，固定子巻線の固定子部分とその内部で回転する回転子からなる。また，固定子や回転子の巻線，コアなどの電気的部品と固定子枠，出力軸，ファンなどの構造部品に大別される。この中で，回転機の電気部品である固定子巻線および回転子巻線の絶縁は，機器を安定的に運転していくために重要な役割を担っている。絶縁材料は，要求される材料特性，電圧階級および製造メーカで異なるが，代表的には**表 2.9**[9)]に示すような材料が用いられる。

主絶縁は高電圧を絶縁しつつコイルで発生する熱を鉄心に逃がす役割を担うため，厚みを大きく取れない。このため，部分放電に対して耐性を持つマイカを主材料としたシートやテープを用い，部分放電の発生を許容した設計が行われる。固定子巻線の製法は，比較的多量の接着バインダを含んだ半硬化状のマイカテープを巻線導体に巻き付けた後，加圧，加熱硬化し絶縁を完成させるレジンリッチ（RR）絶縁方式と，マイカテープを巻線導体に巻き付けた後，液状のエポキシ樹脂などの含浸樹脂を浸透させ，残存空隙を極力なくすため真空加圧と加熱硬化によって絶縁を完成させる真空加圧含浸（vacuum pressure impregnation：VPI）絶縁方式がある。また VPI 絶縁方式には，巻線単体で含浸する単体含浸方式と，巻線を鉄心に収め，くさびで固定した後に鉄心ごと含

表 2.9　高圧回転機固定子スロット内の構成例と主部品の構成例[9]

No.	名　称	おもな材料	
		B 種絶縁	F 種絶縁
①	素線絶縁	・ポリエステル ・B 種ガラス巻き	・ポリアミドイミド ・ポリエステルイミド ・F 種ガラス巻き ・マイカ巻き
②	ターン間絶縁	・紙裏打ちマイカ	・アラミド繊維（Nomex）
③	主絶縁（対地絶縁）	・剝がしマイカシート ※裏打ち材： ガラスクロスポリエステル繊維	・集成マイカテープ ※マイカ： ドライタイプまたはプリプレグタイプ
④	低抵抗半導電相	・シリコンカーバイド混合合成樹脂塗料	・カーボン繊維含有織布
⑤	くさび（ウェッジ）	・フェノール樹脂積層板	・エポキシガラス積層板（磁性タイプあり）

浸する全含浸方式があるが，産業用の高圧回転機では，全含浸方式が主流になっている。**図 2.34**[13]に固定子巻線の絶縁製造方式を示す。

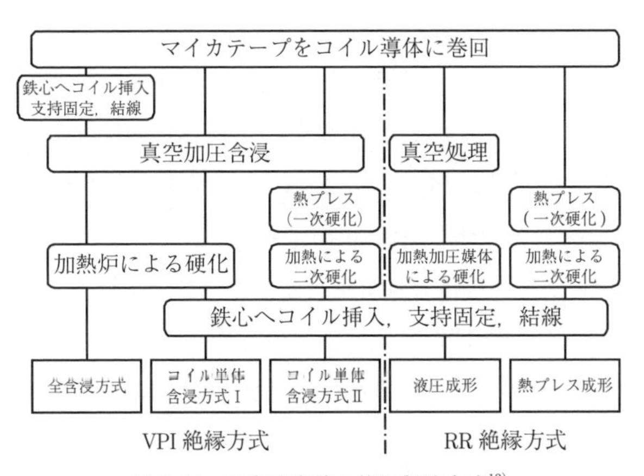

図 2.34　固定子巻線の絶縁製造方式[13]

回転機は熱的（thermal）・電気的（electric）・環境的（ambient）・機械的（mechanical）劣化が複合に作用して劣化する。この劣化を，頭文字をとってTEAM ストレスと呼称することがある。劣化のプロセスについては実例を踏まえて3章で詳述するので参照願いたい。

2.3.2 絶縁診断技術

回転機の絶縁診断技術は，設備を停止し電路から切り離して電気的特性を測定するオフライン絶縁診断と，運転状態で診断を行うオンライン絶縁診断がある。それぞれ異なった特徴を持っており，これらの診断を組み合わせて評価を行うことで診断の信頼性を上げることができる。

〔1〕 オフライン絶縁診断

回転機の絶縁診断技術として広く普及しているオフライン絶縁診断は，① 絶縁抵抗試験（IR 試験），② 誘電正接試験（tanδ），③ 交流電流試験，④ 部分放電試験をセットで実施し，総合的に劣化の診断を行うものである。各試験については 1.3 節の絶縁劣化診断で解説したが，ここでは回転機に対する絶縁診断の要点を述べる。

（a） 絶縁抵抗試験　絶縁体に直流電圧を印加し，漏洩する電流から絶縁抵抗を求め，絶縁表面の汚損や，吸湿の有無を診断する。絶縁抵抗計の歴史は古く，1903 年に英国で商標登録された「メガー」は，原理をとどめたまま現在に至っている。

絶縁抵抗計は**図 2.35** に示すように抵抗値が対数目盛で表示される。指針はいったん右に振れた後，徐々に左に収束していく。この動きは絶縁体に流れる電流に応じたもので，**図 2.36** に示すように，① 静電容量の充電電流，② 漏れ電流，③ 吸収電流の 3 種類の電流が合成されたものである。① 静電容量の充電電流は，絶縁体が持つ静電容量に電荷が注入される電流で，1 秒程度で収束する。② 漏れ電流はおもに絶縁体の表面の汚損や吸湿によって流れる電流で収束せずに流れ続ける。③ 吸収電流は絶縁体の分極によって流れる電流で，

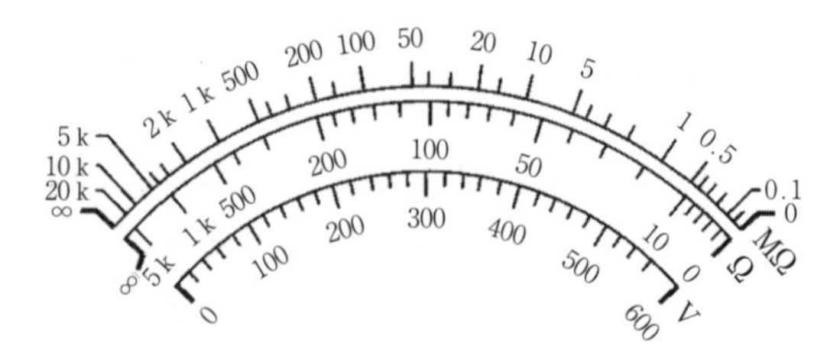

図 2.35　絶縁抵抗計の目盛

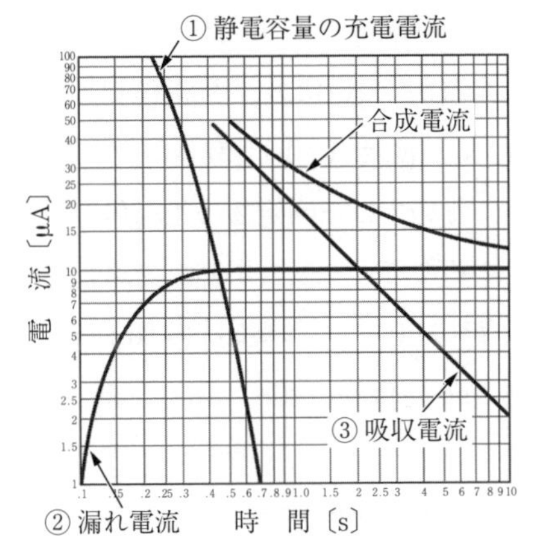

図 2.36 絶縁抵抗計に流れる電流

絶縁体の性質に応じて収束時間が異なり，数分にわたって徐々に減少する。

絶縁抵抗の測定で考慮する必要があるのは，絶縁抵抗の温度特性である。一般的な絶縁材料の絶縁抵抗は，経験的に10℃の温度上昇に対し半減する。このため，絶縁抵抗値をトレンド管理する場合には，**表 2.10** に示す温度補正係数を使用して一定の温度条件に統一して比較する必要がある。

この補正係数の使い方は，例えばA種絶縁の回転機では，20℃で9.6 MΩが

表 2.10 絶縁抵抗の温度補正係数

温度〔℃〕	絶縁抵抗の温度補正係数			
	回転機		油入変圧器	油浸紙絶縁ケーブル
	A種	B種		
0	0.21	0.40	0.25	0.28
5	0.31	0.50	0.36	0.43
10	0.45	0.63	0.50	0.64
20	1.00	1.00	1.00	1.43
30	2.20	1.58	1.98	3.20
40	4.80	2.50	3.95	7.15
50	10.45	3.98	7.85	16.00
60	22.80	6.30	15.85	36.00
70	50.00	10.00	31.75	–

測定された場合，40℃時の絶縁抵抗は 9.6 MΩ×1/4.80=2.0 MΩ と補正する。

IEEE のガイドラインでは，40℃における定格線間電圧 A〔kV〕の回転機に最低必要な絶縁抵抗 R_m は，$R_m = A + 1$〔MΩ〕と規定している。

しかし，実際の現場においては被測定物の絶縁体の温度は必ずしも容易に測定できない場合が多い。そこで，温度の影響を排除した絶縁抵抗の管理方法として，中・小型の回転機に対しては絶縁抵抗の 60 秒値（R_{60}）と 30 秒値（R_{30}）を測定し，誘電吸収率（absorption ratio：AR）$= R_{60}/R_{30}$ を使用して管理する方法が適用される。

さらに静電容量が大きな大型回転機では，電圧を印加してから 1 分経過後の絶縁抵抗（R_1）と 10 分経過後の絶縁抵抗（R_{10}）の比である成極指数（polarization index：PI）$= R_{10}/R_1$ を使って判定を行う方法が適用される。

PI は AR に比較して，より絶縁物の状態を正確に把握できる方法といわれているが，現場で 10 分間にわたり手持ち式の絶縁抵抗計を操作するには難があるため，絶縁診断車や工場の試験台など固定した場所で採用されるケースが多い。**図 2.37** に絶縁抵抗の時間推移と診断の概念を，**表 2.11**[14] に AR および PI の判定基準例を示す。

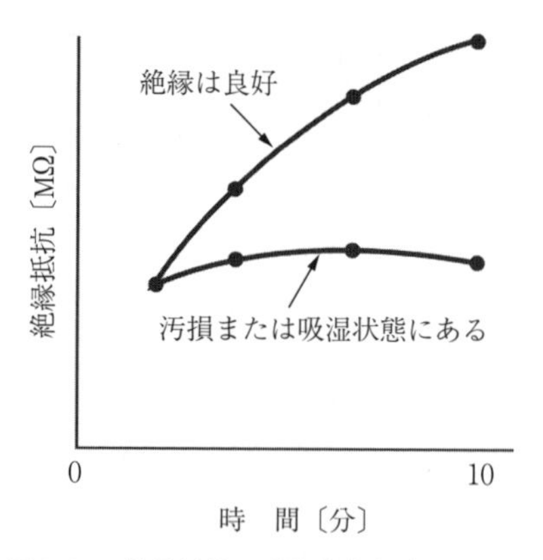

図 2.37　絶縁抵抗の時間推移と診断の概念

表 2.11　ARおよびPIの判定基準例[14)]

判　定	AR	PI
危険	—	＜1
要注意	1～1.25	1～2**
可	1.4～1.6	2～4
良	1.6*＜	4*＜

〔注〕これらの数値は，Megger社の経験に基づくものであり，絶対的なものではない。
* モータの場合，ここで示した値より20%程度高い場合は，衝撃や始動時に破損する乾燥したもろい巻線の場合がある。予防保全のため，モータ巻線の洗浄，処理，乾燥を行い，巻線の柔軟性を回復させる必要がある。
** 屋内配線のような静電容量が非常に小さい機器では「可」判定の場合もある。

絶縁抵抗試験でARやPIが要注意の判定となった場合，その回転機は汚損や吸湿していると考えられるので，誘電正接試験以降の診断ステップには進まず洗浄・乾燥を行ったうえで再度診断をやり直すことが必要である。

（**b**）**誘電正接試験**　絶縁体に交流電圧を印加し，電圧位相に対して90°進みの充電電流 I_C と電圧位相と同位相の損失電流 I_R を計測し，その比 $\tan\delta = I_R/I_C$ を計算する。アスファルトコンパウンド絶縁の $\tan\delta$ は3～5%，エポキシ全含浸コイルの場合は0.5%程度である。絶縁体が劣化すると損失電流 I_R が増加し $\tan\delta$ は大きくなる。$\tan\delta$ を定期的に測定してトレンド管理し，初期値に対して絶対値で1%以上の増加が認められた場合，劣化がかなり進行していると判定する。また，誘電正接と同時に絶縁体の静電容量の測定も行う。水の比誘電率は約80であり，絶縁材料の比誘電率（4～5）に比較して非常に大きいため，絶縁体が吸湿すると静電容量が増加する。$\tan\delta$ と静電容量のトレンドを比較し，$\tan\delta$ のみ増加している場合は熱劣化などの絶縁体の劣化が考えられ，双方増加している場合は絶縁体の吸湿が考えられる。また，$\tan\delta$ は印加電圧を変化させ，電圧に対する特性を調べることも有効である。**図 2.38**（a）に示すように，一般的に回転機の劣化が小さい場合，$\tan\delta$ は電圧を変化させても大きな変化は示さない。しかし，劣化が進行し部分放電が増加すると，$\tan\delta$ は放電によって損失されるエネルギーが増加するため，図 2.38（b）に

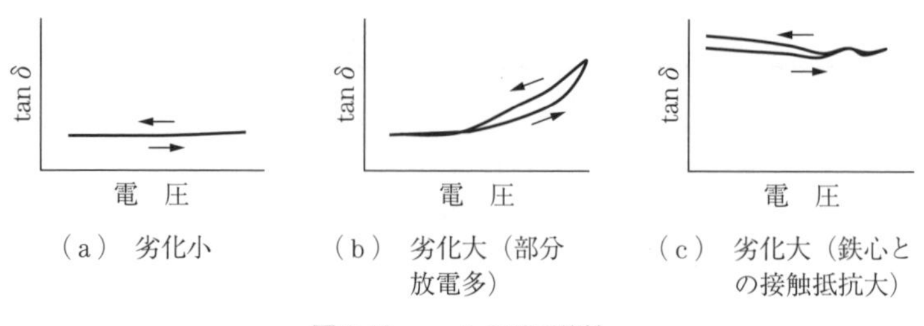

図 2.38　tanδ の電圧特性

示すように，電圧の上昇によって右上がりの特性を示すようになる。また，電圧を降下させる過程においては，放電消滅電圧が放電開始電圧よりも低いため上昇時の曲線よりも上側を戻り，口を開けた曲線を描く。tanδ が上昇し始める電圧が低く，上昇時と下降時の差が大きいほど部分放電劣化が進行していることになる。後述の部分放電試験の結果と併せてバックチェックとしても有効である。さらに，まれに tanδ が電圧の上昇に伴い，図 2.38（c）のように右下がりの特性を示すケースに遭遇することがある。これはスロット内でコイルと鉄心の接触抵抗が大きくなった場合に生じる現象で，部分放電による電荷の移動で見かけの接触抵抗が低下することで生じるものと考えられている。この状態は，スロット放電によって急速に絶縁の劣化が進行するため注意が必要であ

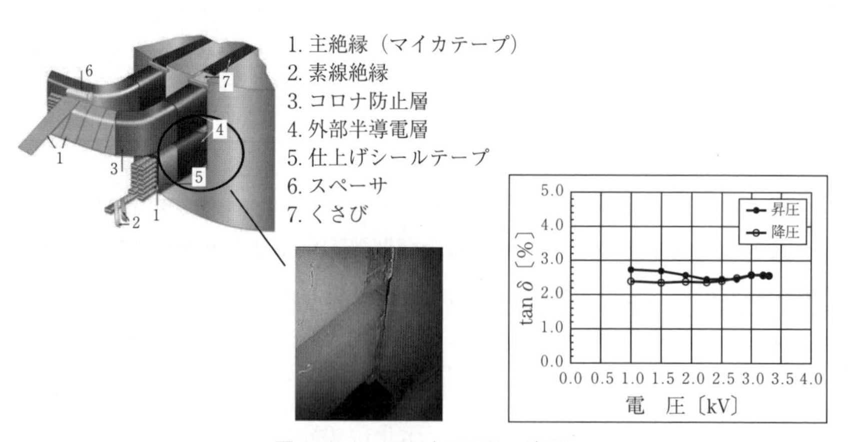

図 2.39　tanδ が右下がりの事例

る。**図 2.39** に tanδ が右下がり特性を示した事例を示す。半導電層が劣化してコイルと鉄心間の接触抵抗が増加し，スロット放電による白い硝酸塩の痕跡が見られる。

（**c**）**交流電流試験**　絶縁体に交流電圧を印加し，電圧を上昇させながら電流を測定する。電圧が部分放電の発生電圧になると電流が増加し，それまでの増加傾向と異なった傾きになる。この変曲点となる電圧を電流急増電圧と呼ぶ。また，電流急増電圧に至る前の電圧−電流特性を外挿し，定格電圧時の外挿電流 I_0 と実際の電流 I の差を I_0 で除した値を電流増加率 ΔI と定義する。絶縁体が熱劣化し，ボイドや割れなどの欠陥が生じると，電流急増電圧が低下し電流増加率 ΔI は増加する。交流電流試験は，後述の部分放電試験を補完する試験と考えることができる。

（**d**）**部分放電試験**　絶縁体が劣化し，剥離やボイド（空隙）が生じると，部分放電が発生する。そこで，交流電圧の試験装置で電圧を変化させながらコイルと対地間に電圧を印加し，発生する部分放電パルスを静電カプラなどにより検出する。計測した部分放電の放電電荷量（Q），放電パルス数（N），放電開始電圧（DIV），最大放電電荷量（Q_{max}），放電エネルギー（NQN）などから，絶縁体の剥離やボイドあるいは絶縁体表面の損傷などの劣化を診断する。印加電圧の 1 サイクルに放電が正極性と負極性とで毎回放電すると，50 Hz では 1 秒間当り 100 個以上の放電パルスが計測される。指標として広く用いられているのは，最大放電電荷量 Q_{max} で，1 秒間当りに 100 個以上検出される放電パルスの最大値で定義される場合が多い。ただし，メーカによっては半サイクルで生じるものとして 50 個を採用したり，60 Hz でも 100 個を採用したりと Q_{max} の定義は，まちまちである。また IEC 60034-27-1（Off-line partial discharge measurements on the winding insulation）では，繰返し発生する部分放電の最大値を Q_m として 1 秒間当り 10 個以上検出される放電パルスの最大値と定義している。部分放電は，同じ電圧を印加しても放電点の気圧や温度が放電の発生によって変化するため，測定値がばらつき，代表値の計測が難しい。特に，現場の試験では比較的ラフな扱いにならざるを得ない。定格対地

間電圧における Q_{max} の良否判定基準は，アスファルトコンパウンド絶縁で 1 万 pC，最近のエポキシ全含浸コイルの場合，数万～数十万 pC が採用される場合が多い。

固定子の絶縁診断では，これらの診断項目の一つひとつに判定基準を設けて劣化判定を行うのではなく，それぞれの数値の持つ意味を考えて総合的に劣化部位を推定し，対応方法を検討することが重要である。**図 2.40** では固定子絶縁に対し，複数の試験結果を複合的に検討し，診断する例を示している。またオフライン絶縁診断は，冷機状態で，かつ機械的ストレスを受けない状態で行うため，機械の状態を正しく反映した結果が得られない場合がある。したがって，次項のオンライン絶縁診断と組み合わせた評価を行うことも重要である。また，オフライン複合診断の結果を統計的に処理して残存絶縁破壊電圧を推定し，寿命を診断することも行われている。

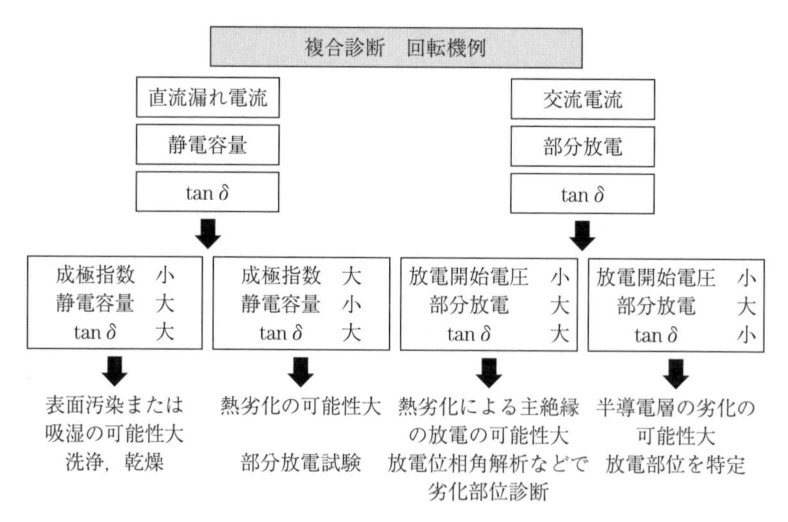

図 2.40　オフライン絶縁診断における複合診断の例

〔2〕 オンライン絶縁診断

オンライン絶縁診断は，運転状態で劣化の診断を行うもので，ストレスを受けた状態で測定を行うため，オフライン診断では見逃された劣化を検出できるメリットがある。また，診断に停電や離結線が不要で，特別な電源装置もいらないため簡便に実施することができる。

オンライン絶縁診断として，部分放電試験，オゾン測定，回転子のバー切れ診断などがある。以下，各試験の要点を述べる。

（a） **オンライン部分放電試験**　固定子で生じる部分放電パルスを直接検出し，強度，頻度，位相などから放電の発生様相を推定して劣化判定を行う。部分放電の検出は，主回路に 80 pF～数 nF の結合コンデンサを設置する方法や，簡易測定では接地線から高周波 CT や誘導センサを使って検出する方法，測温抵抗体を部分放電検出センサとして利用する方法などがある。

オンライン診断では放電パルスの極性の有意差から放電部位の特定を行う。例えば，**図 2.41**[15]（a）に示すように負極性パルスが優勢の場合，放電は導体と主絶縁の境界部に生じた空隙で発生していると診断される。これは，負極性の放電パルスは放電電子が導体に衝突するときに生じることから，放電は主回路導体近傍で発生していると考えられるためである。逆に，図 2.41（b）に示すように正極性パルスが優勢の場合，放電はスロットと巻線の間で発生するスロット放電と診断される。図 2.41（c）に示すように，負荷や巻線温度に

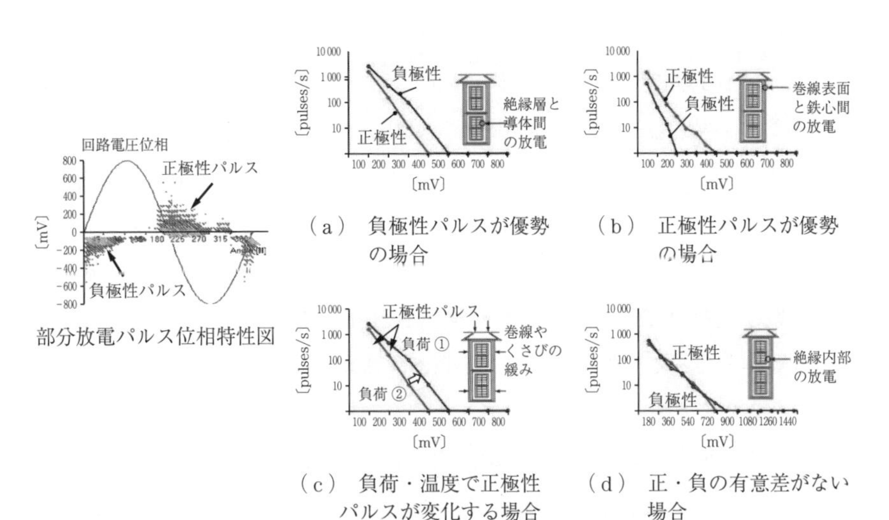

（a） 負極性パルスが優勢の場合

（b） 正極性パルスが優勢の場合

（c） 負荷・温度で正極性パルスが変化する場合

（d） 正・負の有意差がない場合

図 2.41　オンライン部分放電診断の事例[15]

よって正極性パルスが大きく変化する場合は，スロットに生じた空隙の形状が変化しているものと考えられ，巻線やくさびの緩みが疑われる。さらに図 2.41（d）に示すように，正極性パルスと負極性パルスに有意差がない場合は，主絶縁内部に生成したボイドで放電が発生していると診断される。

また，最近は IEC 60034-27-1 などで部分放電の PRPD パターンから放電の様相を診断することも行われている。**図 2.42** に放電部位と PRPD パターンの事例を示す。

オンライン診断は 2〜3 箇月の周期で実施し，放電の推移を見て開放点検の要否を判定することが一般的に行われている。

実際の特別高圧電動機における部分放電の推移と絶縁破壊事故の事例を**図 2.43** に示す。健全機 ① は，運転開始から 8 年経過しても運転中の部分放電に大きな変化は見られない。一方，事故機（②，③）は運転開始後，数年で部分放電が増加し 8〜9 年で絶縁破壊に至っている。これらの教訓から ④ では放電の増加が認められた時点で更新計画を立案し，事故前に更新することができている。大型の回転機は製作から設置まで 1 年以上の期間を要するため，不意の絶縁破壊事故は影響が大きい。したがって，オンラインで部分放電を測定し，推移を管理することで事故を未然に防止することが重要である。

（b） オゾン測定　部分放電が生じると，空気が電離してオゾンや硝酸などのガスが生じる。機内の空気をサンプリングし，ガス検知管を使用してオゾン濃度を測定することで，スロットやコイルエンドにおける部分放電を間接的に測定することができる。運転状態で簡便に実施できる部分放電の測定方法の一つといえるが，部分放電の発生部位が主絶縁の内部や導体近傍の場合は，部分放電が発生していてもオゾンが検出されないことがある。また，生じた NO_x が触媒となって発生したオゾンが消滅するオゾンレスモードと呼ばれる現象が生じる場合もある。したがって，オゾンが検出された場合は部分放電が発生していると推定できるが，オゾンが検出されないからといって，部分放電が発生していないとは断定できないことに注意を要する。一般的に，10 ppm を超えるオゾンが検出された場合は開放点検を行い，絶縁の状態を確認すると同

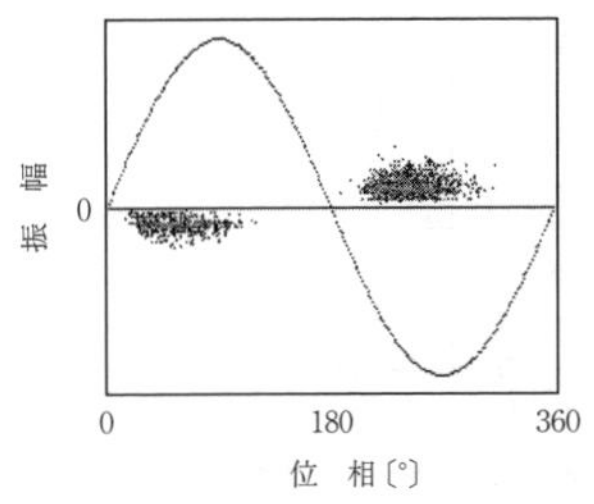

主絶縁内に小さな気泡（ボイド）があると，そこで放電が生じる。
正極と負極に団子状のパターンが現れる。

（a）巻線主絶縁内のボイド放電

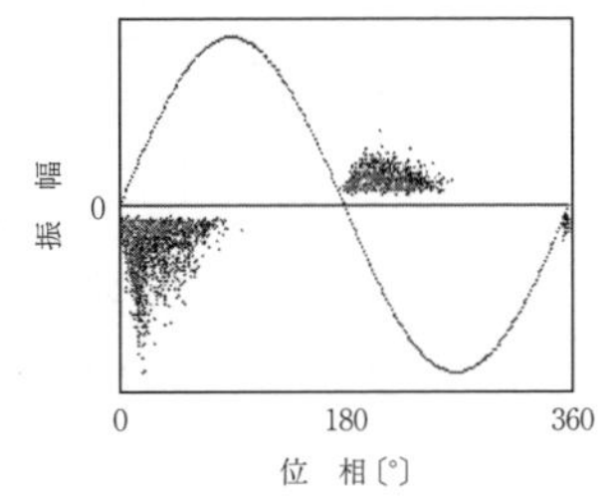

主絶縁が導体側で剝離すると，負極側に強い三角錐状のパターンが現れる。

（b）導体側の絶縁剝離

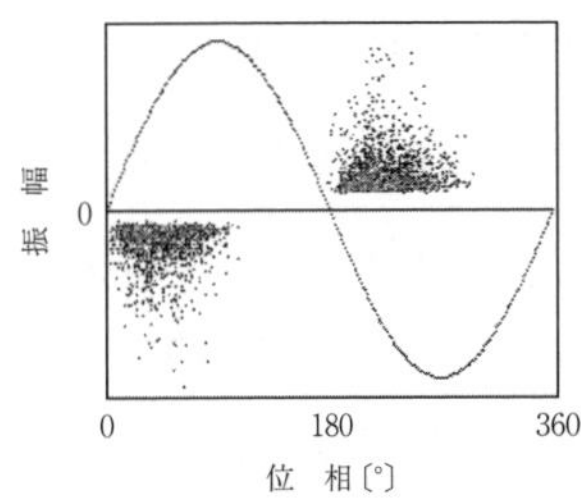

スロット出口の電界緩和層（コロナ防止層）が劣化し沿面放電が生じると，山形のパターンが現れる。

（c）電界緩和層の沿面放電

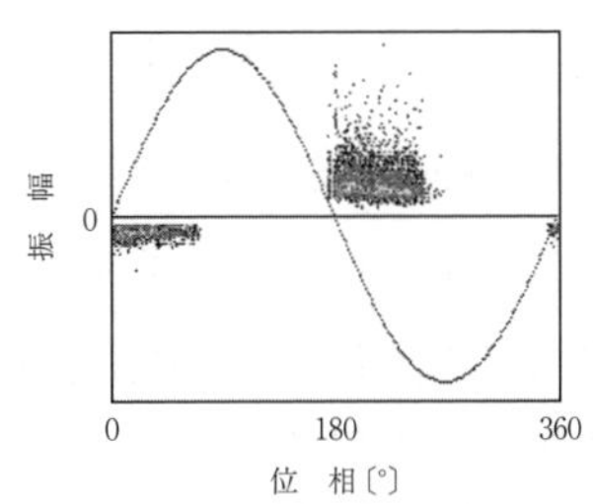

スロット内で半導電層が劣化してコイルと鉄心が接触不良になると放電が生じ，正極性パルスが丘状のパターンとして現れる。

（d）スロット放電

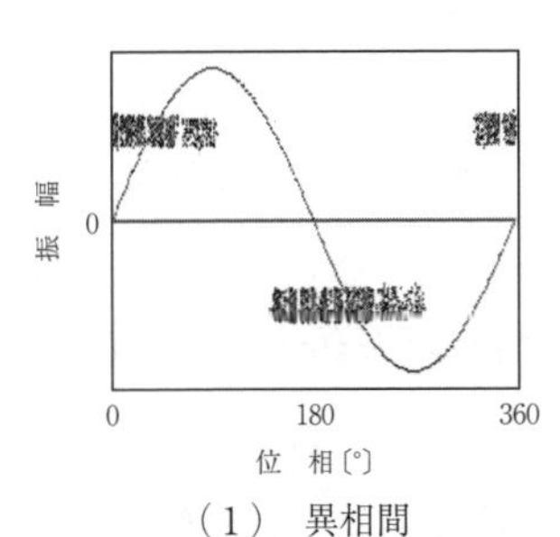

（1）異相間

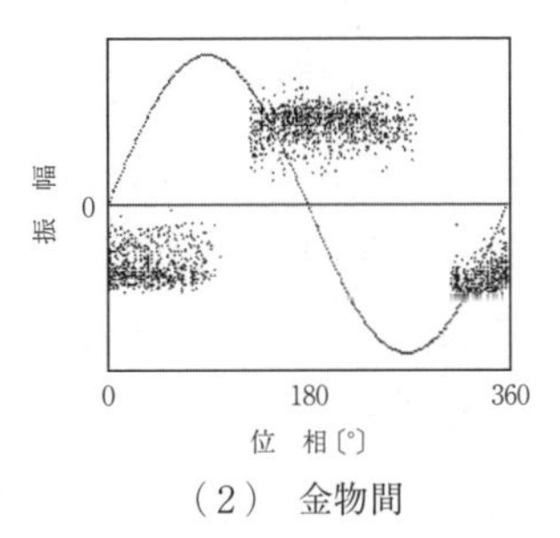

（2）金物間

コイルの異相間や，Finger（鉄心押え金物）などとのギャップでスパーク放電が生じると，位相が異なる帯状のパターンが現れる。

（e）スパーク放電

図 2.42　放電部位と PRPD パターンの事例

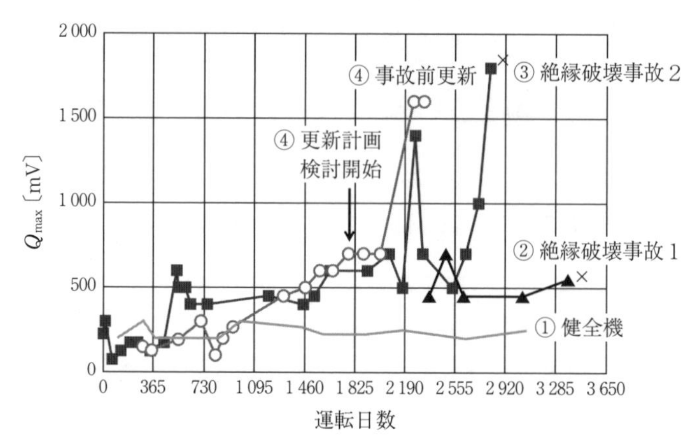

図 2.43　運転開始からの部分放電の推移

時に回転子部品の腐食の有無を確認することが望ましい。また，半導電層が劣化して生じるスロット放電は，オゾンや硝酸ガスを多量に生成する場合があり，機内のオゾン濃度は数十 ppm になっていることがある。そのため，測定に当たっては作業環境のオゾン濃度が作業環境許容濃度の 0.1 ppm を超えていないか注意を要する。

（c） **バー切れ診断**　　かご形誘導電動機で電動機に流れる電流の周波数スペクトルから回転子のバー切れを診断することができる（motor current signature analysis：MCSA）。三相誘導電動機では，固定子による磁界は，電源周波数（f_1）に同期した速度で，回転磁界を発生している。回転子導体に生じる回転磁界を考えると，固定子と同じ極数を持つ有効な三相磁界が生じており，回転子の電気的均衡が取れていれば逆転磁界は生じない。その回転周波数はすべり周波数（$s \cdot f_1$）である。しかし，回転子導体に損傷が生じると，回転子内に逆転磁界が生じ，この逆転磁界により固定子巻線に誘起される電流の周波数は $f_1 \cdot (1 \pm 2s)$ となる。電動機に流れる電流を測定し，周波数領域にフーリエ変換を行い，上記の周波数成分の側帯波の有無・強弱を解析することにより，回転子導体の損傷の有無を知ることができる。

MCSA でバー切れと診断した事例を**図 2.44** に示す。一般的に，側帯波の強度が基本波の − 45 dB 以下の場合バー切れが疑われ，この事例では − 22 dB でバー切れありと診断された。MCSA は観測周波数がすべりに依存するため，脈

コラム 2.3 部分放電のノイズ弁別技術

現場での部分放電測定では，PRPD パターンを使っても部分放電の信号がノイズに埋もれてしまい，うまく部分放電を捉えることができない場合がある。そういった問題に対応するため，特徴抽出技術を用いてノイズ弁別を行う技術が実用化されている。その一例として TF マッピングによる放電の識別について紹介する。

TF マッピングは，**図**に示すように検出されたパルス信号一つひとつに対してパルスの継続時間（T）と中心周波数（F）を算出し，二次元グラフにプロットしたものである。信号源が同一であると，TF マップ上に「かたまり」として現れてくる。この「かたまり」に対応したデータだけで PRPD パターンを描くと，ノイズだけでなく放電の発生源ごとに PRPD パターンを取得することができるため，ノイズに埋もれた複数の放電を抽出して解析することができる。

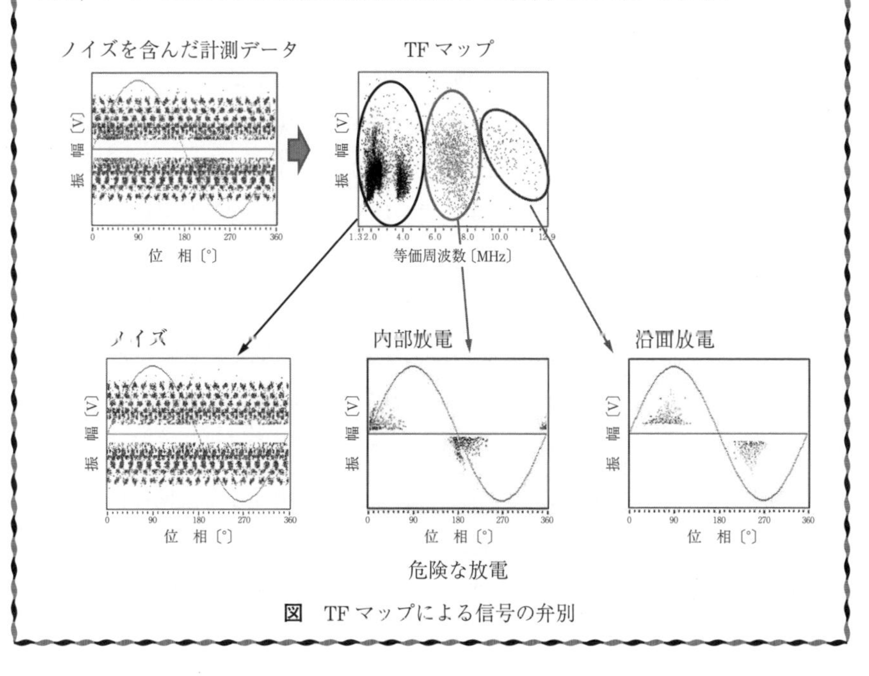

図 TF マップによる信号の弁別

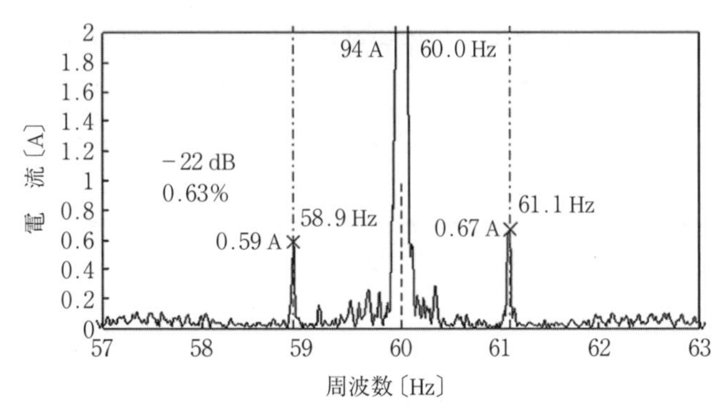

図 2.44　バー切れ診断の事例

動負荷の場合や減速機の機械的振動周波数が，すべり周波数に近い場合に，回転子の導体の損傷と見分けることが難しい。この場合は，適当な間隔でトレンド監視を行い損傷の進行を捉えることが行われている。

2.4　ガス絶縁開閉装置

2.4.1　ガス絶縁開閉装置の絶縁構造と劣化

ガス絶縁開閉装置（gas-insulated switchgear：GIS）は SF_6 ガスを絶縁媒体とした開閉装置で，主回路部が気密構造であり信頼性が高く，設置スペースが少なくて済むことから，特別高圧受変電設備として広く普及している。

GIS は**図 2.45**[16]（a）に示すように，タンクあるいはパイプ形状の容器の中に遮断器，断路器，接地開閉器，母線，変流器，計器用変圧器，避雷器，ブッシングなどを収め，0.3〜0.7 MPa 程度の圧力の SF_6 ガスを充塡した GIS と，図 2.45（b）に示すように各コンポーネントを箱形の容器内に収納して 0.12〜0.15 MPa 程度の圧力の SF_6 ガスを充塡した C-GIS に分類される。

一般的に GIS は電力会社や高電圧・大容量の産業用受変電設備に使用され，C-GIS は中規模容量の産業用受変電設備に使用される場合が多い。

GIS を構成する絶縁材料は，内部に充塡される SF_6 ガスと母線や導体を支え

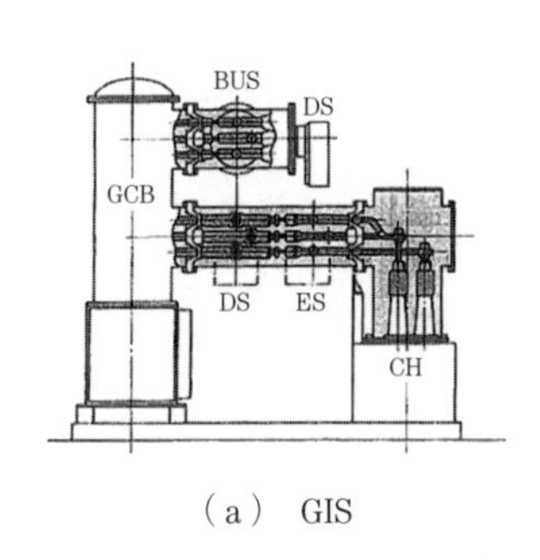

（a） GIS

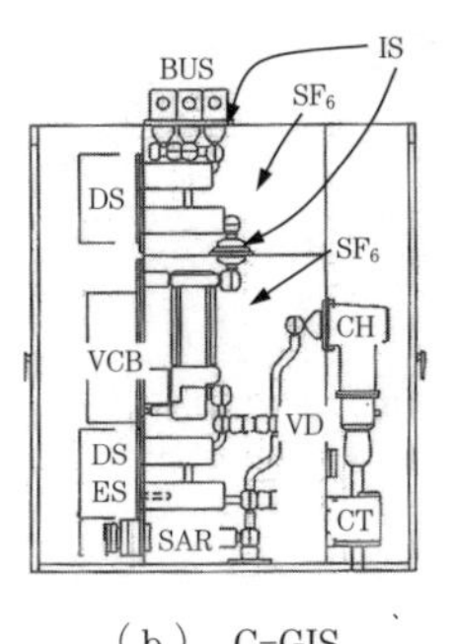

（b） C-GIS

略記号説明

BUS：母線
CH：ケーブルヘッド
CT：変流器
DS：断路器
ES：接地開閉器
GCB：ガス遮断器
IS：絶縁スペーサ
SAR：避雷器
SF_6：絶縁ガス
VCB：真空遮断器
VD：計器用変圧器

図2.45 GISおよびC-GISの構造例[16)]

る絶縁スペーサとに大別される。

SF_6ガスは新品時に純度99.8 wt%以上のガスが使用されるが，遮断器の開閉によってSF_6ガスが分解し純度が低下するため，吸着剤（合成ゼオライト）を封入して純度を保っている。GISは吸着剤の吸着能力低下がない限り内部分解点検の必要性は少ないが，長期間分解点検を行わないためシール部のOリングが劣化してガス漏れが生じ，ガス圧低下による開閉動作ロックや絶縁性能低下による地絡・短絡事故に至るおそれがある。

絶縁スペーサは，一般的にエポキシ樹脂で製造され，GIS内部の導体支持物としての役割だけでなく，GIS内部で事故が発生した場合に，他のガス区画へ事故が波及することを防ぐガス区分の役割も持っている。長期間の電圧印加による電気的ストレスや，高温環境下における機械的ストレスの影響で劣化し，亀裂によるガス漏れやトラッキングの発生により部分放電が生じ，地絡・短絡事故に至る場合がある。また，GIS導体接続部に締付不良があり，振動などの外的要因が加わると，GIS内部に微小金属が発生（存在）する場合があり，この微小金属が絶縁スペーサに付着すると部分放電が発生する。部分放電が継続すると，SF_6ガス純度の低下・分解生成物の発生などにより，GISの絶縁性能が低下し，絶縁破壊事故に至る危険性が高まる。

2.4.2 GIS の事故統計

図 2.46[17] に GIS の事故統計について電気協同研究 Vol.70，No.2 に報告された例を示す。

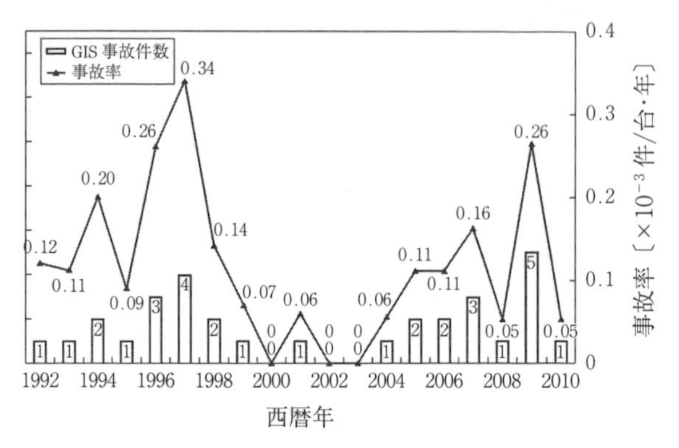

図 2.46　GIS の年度別事故件数と事故率[17]

これによると 2010 年度末において GIS 設備台数は全国で 19 214 台であり，GIS の事故件数は 1992～2010 年の 19 年間で 31 件発生し，2002～2010 年の 9 年間で 15 件発生している。事故率については 2000 年頃までには減少傾向を示していたが，近年は若干の増加傾向にある。これは経年劣化によるものと考えられている。

2.4.3 GIS の診断技術

・部　分　放　電

GIS の絶縁劣化の過程では部分放電を伴う場合が多いため，近年，部分放電を診断する技術が多く開発されている。部分放電の検出方法は UHF 法，絶縁スペーサ法，AE 法および分解ガス法などがあり，以下にそれぞれの方法を詳述する。

（a） UHF　法　GIS 内部で部分放電が生じると立上り・立下りの急峻（きゅうしゅん）な放電パルスが生じ，10^2～10^3 MHz の UHF 帯の電磁波を放射する。この電磁波は同軸状の GIS 管路内をマイクロ波として伝搬するため，内部に UHF

センサを設けることにより感度良く検出することが可能である。送電線やがいしなどGISの外部で発生する部分放電は，GIS内では数百MHz以下の周波数で伝搬するため，周波数分析することによりGIS内部の部分放電と容易に識別できる。近年，この手法が感度，SN比の点で優れていることから，GISの診断に積極的に適用されている。

（**b**） **絶縁スペーサ法**　スペーサの接地側に一体注型された電極を利用し，静電容量分圧の原理で部分放電パルスを検出する方法である。検出は外部ノイズの少ない周波数で行われ，通常60～70 MHzが選ばれる。検出されたパルスはバンドパスフィルタ，増幅器などを経て出力される。

（**c**） **AE　法**　1.3.3項で解説したように，部分放電により圧力波が発生すると，SF_6ガス中を伝搬してタンクを励振する。また，静電力で浮上した混入異物が上下運動してタンクに衝突するとタンク振動を生じる。これらの振動をAEセンサで検出する方法がAE法である。AEセンサには共振周波数が数十kHzのものが使用され，増幅器とバンドパスフィルタを通すことにより，高感度化とSN比改善が行われている。雨滴や砂塵（さじん）などによる外部からの衝突振動とGIS内部からの振動を識別するため，AEと振動加速度の比をdB値として表し（異物識別指標），これが一定値を超えたときにGIS内部からの振動として識別する方法がある。この方法は，軟らかい物質では衝突時にそれ自体の変形により低周波成分が減少するのに対し，金属性の硬い物質は衝突時に低周波成分が強く発生するという性質を利用したものであり，数μgの異物を検出可能といわれている。**図2.47**（a）[18]にAEセンサ部分放電検出回路例を，図2.47（b）[19]に可搬型の簡易AEセンサの例を示す。

（**d**） **分解ガスセンサ法**　部分放電により微量のSF_6分解ガス生成物が発生するので，呈色反応試薬（指示薬）の詰まった検知素子の中を通すことにより，分解ガス量を測定する分解ガスセンサが開発されている。検知素子の変色長から分解ガス量を知ることができ，検出感度はHF換算で0.03 ppm wt，GIS内部で部分放電が連続的に発生していれば，1 000 pC程度の検出が可能である。また，固体電解質を用いたセンサも開発されている。このセンサでは固

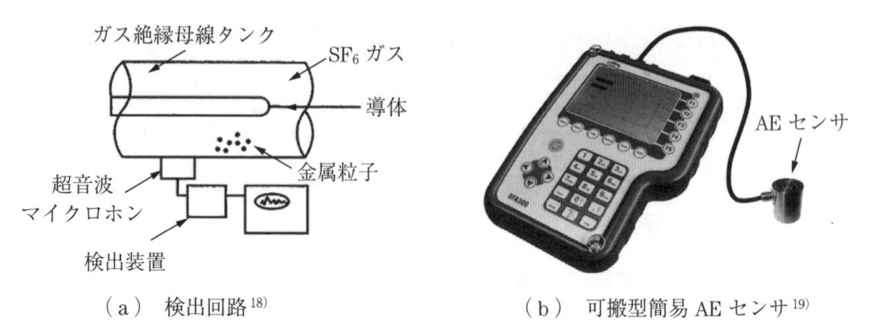

（a） 検出回路[18]　（b） 可搬型簡易 AE センサ[19]

図 2.47 AE センサ部分放電検出法

体電解質としてフッ化ランタンを用い，HF が検出電極表面でフッ素イオンと水素に分解され，そのフッ素イオンが固体電解質中を電界によりドリフトし，分解ガス濃度に依存した電流が流れることを応用している。また，センサを常時 GIS に取り付けておき，計測する際にセンサの出力端子に専用のポータブル測定装置を接続するタイプも開発されている。

2.5 遮断器および配電盤

遮断器や配電盤は，多種・多様な絶縁材料が用いられ，構造も多岐にわたる。ここでは，遮断器や配電盤に対して共通で行われている絶縁診断として絶縁抵抗や部分放電，化学的診断について解説する。

2.5.1 絶　縁　抵　抗

絶縁抵抗は，広く普及した絶縁診断指標である。多くの現場で絶縁の健全性を判断する診断方法として採用されている。

配電盤や屋内配線のような静電容量が小さな機器の場合，印加して 60 秒後の絶縁抵抗値を読み取るスポット測定を行う。「電気設備に関する技術基準を定める省令」（以下電技省令）第 58 条 低圧電路の絶縁性能では

300 V 以下の電路で対地電圧 150 V 以下の回路：0.1 MΩ 以上

300 V 以下の電路で対地電圧 150 V 超過の回路：0.2 MΩ 以上

300 V 超過の電路：0.4 MΩ 以上

であることが定められている。

また高圧の場合は，電技省令の定めはないが，日本電機工業会 JEM-TR122 では配電盤の保守点検指針の中で主回路の絶縁抵抗値の目安として「500 MΩ 以上」，補助回路の絶縁抵抗値の目安として「2 MΩ 以上」が規定されている。

表 2.12 に定期点検時の絶縁抵抗試験電圧の基準例を示す。

表 2.12　定期点検時の絶縁抵抗試験電圧の基準例

AC 定格電圧	試験電圧
100 V	100 V または 250 V
220 V	100 V または 250 V
440 V	500 V または 1 000 V
3 300 V	1 000～2 500 V

ただし，絶縁抵抗は絶縁体表面の汚損や吸湿によって大きく変化する。特に，遮断器や配電盤ではさまざまな材質の絶縁体が複雑な形状で組み合わされて使用されており，絶縁体が汚損・吸湿しやすい。絶縁抵抗で異常が検出された場合でも，清掃や乾燥を行うことで正常に戻る場合が多い。

絶縁抵抗試験に当たっては，以下の注意が必要である。

① 試験回路は停電し，検電によって無電圧を確認して行う。

② 測定回路の，静電容量に蓄積された電荷によって測定結果に誤差が生じるため，測定を行う前に測定回路を接地に落とし，蓄積された電荷を解放する。

③ 試験結果は，その値だけでなく，前回の点検時の記録や三相のバランスなどを比較してかけ離れていないかも確認する。

④ 測定後は，絶縁抵抗計で分極された絶縁物に電荷が残留しているため，そのまま系統に接続して電圧を加えると，思わぬ絶縁破壊事故につながるおそれがある。そのため，絶縁抵抗試験の後は，印加時間の 4 倍の時間，接地に落として電荷を解放する。

2.5.2 部 分 放 電

部分放電は絶縁劣化の予兆として現れるため，絶縁抵抗よりも早い段階で劣化の始まりを捉えることができ，予防保全の有効な診断項目となっている。

図 2.48 に部分放電と絶縁抵抗の劣化検出タイミングのイメージを示すが，部分放電は劣化が始まった初期段階から現れるため，早期に検出し原因を取り除くことで絶縁破壊事故の防止や延命化を達成できる。一方，絶縁抵抗は劣化が進行した状況でしか異常判定にならない場合が多いため，予防保全よりも，その時点で課電可能かどうかの GO/STOP 判定のツールとしての意味合いが強い。

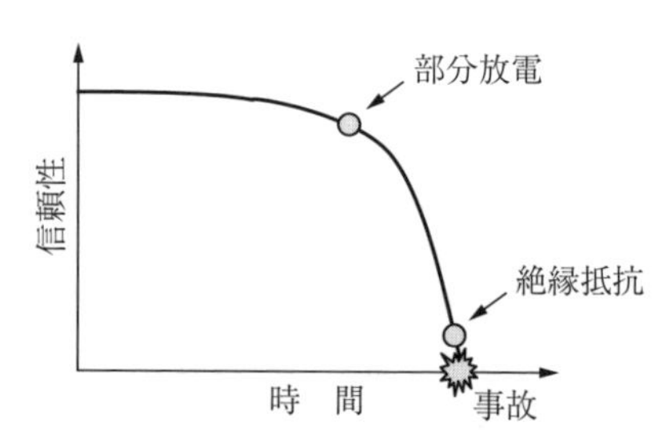

図 2.48 劣化検出タイミングの比較（イメージ）

放電の種類は図 1.4 で示したが，各種の部分放電の中で，配電盤で生じやすい放電は電路と絶縁物との間の空隙で起きる沿面放電やボイド放電である。またコロナ放電も発生する場合があるが，コロナ放電が絶縁物に与えるダメージは沿面放電やボイド放電に比較して小さい。ただし，コロナ放電は副次的に生じるオゾンや NO_x が金属の腐食を引き起こす場合があるので，そちらの確認も重要である。

図 2.49 に示す事例は，貫通形 CT の銅導体のエッジで生じたコロナ放電によってオゾンや NO_x が生成し，CT の二次端子を腐食断線させた事例である。配電盤は部分放電を許容した設計ではないので，部分放電を測定し放電の発生が認められた場合は，部分放電の発生場所を特定して部分放電の発生を止めることが予防保全上重要である。

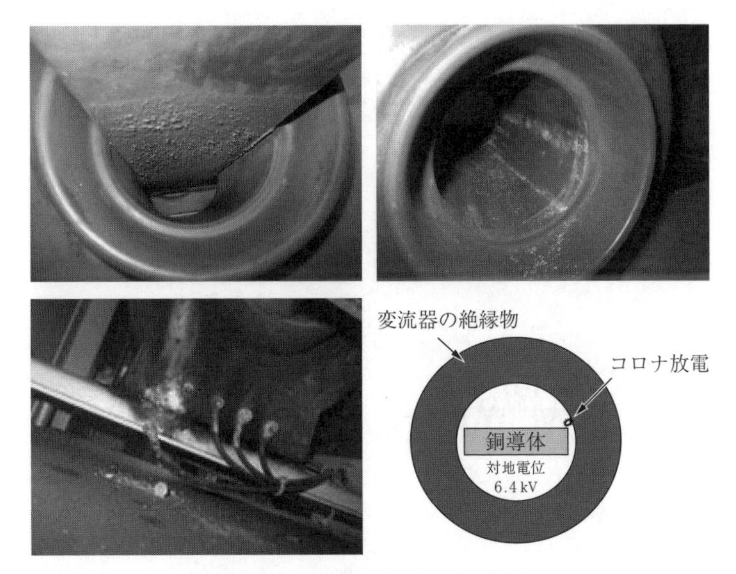

図 2.49　配電盤の部分放電の事例

・**部分放電の検出技術**

部分放電を検出する技術として超音波を検出する方法や，紫外線を検出する方法，電磁波を検出する方法がある。

（**a**）　**超音波検出法**　　部分放電が発生すると**図 2.50**[20]に示すとおり，20～600 kHz にわたり広範囲の周波数スペクトルを含有した超音波が生じる。超音波式の部分放電検出器は，この周波数帯域の中で，汎用部品である 40 kHz の超音波を検出するマイクロホンを使用した装置が主流になっている。

図 2.51[21]に示す第一世代の装置は，検出した超音波の大きさを dB などの数値で表示するとともに，可聴音に変換して聴覚でも確認ができる仕様になっており，予防保全の先駆けとして広く普及している†。

その後，開発された第二世代の装置は，**図 2.52**[22]に示すように放電音が電源周期の 2 倍の周波数で強弱することを利用し，放電音を包絡線検波して FFT 解析して放電を同定し，より微弱な放電音の検出が可能になっている。さらに**図 2.53**[22]に示す第三世代の装置では，複数個の超音波マイクを用いて

† 現在は同じ形状で，第二世代の機能を有した製品も開発されている。

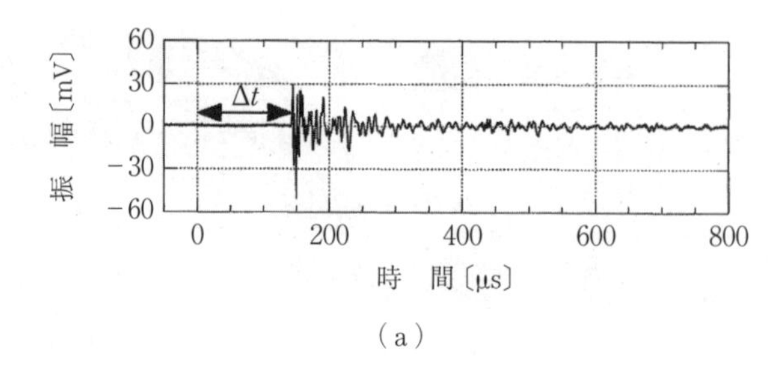

（a）

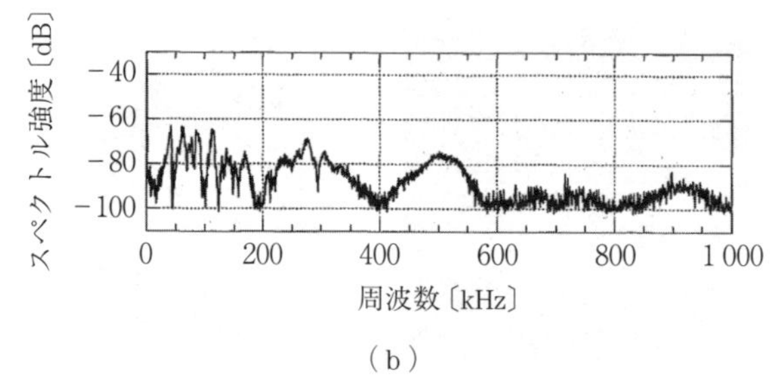

（b）

図 2.50　放電で生じる音響の波形と周波数スペクトル[20]

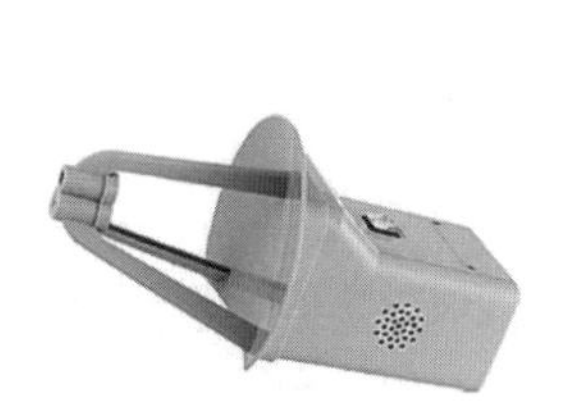

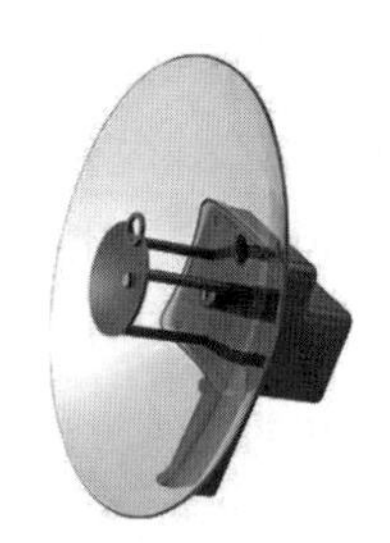

（a）　近距離用（1〜2 m）　（b）　中距離用（1〜10 m）　（c）　遠距離用（2〜20 m）

図 2.51　第一世代の部分放電検出装置[21]

ビームフォーミング技術で超音波の発生源をマッピングし，カメラ画像に重ねることで部分放電の位置を「可視化」できるようになっている。

超音波検出法は，部分放電で生じる音響を直接検出するため，測定器と部分放電源の間に遮蔽物があると検出できない。したがって，配電盤で測定する場合は，扉を開放し保護バリヤの隙間から測定する必要がある。

また 40 kHz の超音波は，**表 2.13**[23]に示すように距離によっておおむね 1.5 dB/m 減衰する。これは 2 m で音圧が半減することを意味する。放電の大

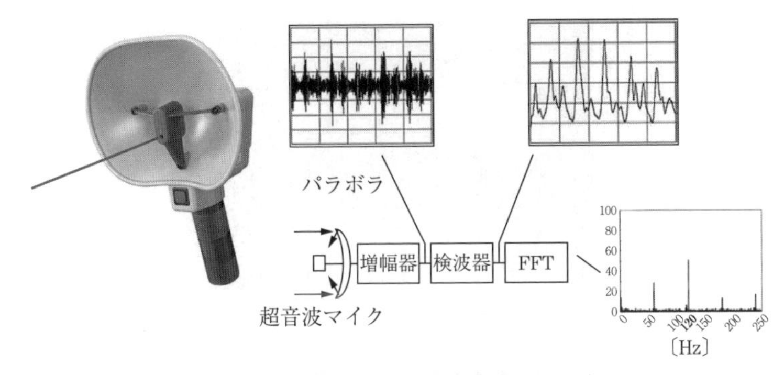

図 2.52　第二世代の部分放電検出装置[22)]

図 2.53　第三世代の部分放電検出装置[22)]

表 2.13　空気中の超音波の減衰値例[23)]

周波数〔kHz〕	20	40	80
減衰値*〔dB/m〕	0.6	1.5	2.7
最大減衰値〔dB/m〕	0.56	1.1	2.3

〔注〕 *温度 27℃，相対湿度 37%

きさにもよるが，超音波法の適用は 10〜20 m 程度が限界と考えられる。

（**b**）　**紫外線検出法**　　部分放電が生じたときに発生する紫外線を検出する方法で，代表的な装置を**図 2.54**[24)]に，画像例を**図 2.55** に示す。

これらの装置は超音波検出法に比較して高価なため，研究用途での使用にとどまっているのが実情である。

（**c**）　**電 磁 波 法**　　部分放電が生じたときに発生する電磁波を検出する方法で，国内外で各種装置が開発されている。その一例を**図 2.56**[25)]に示す。

図 2.54　紫外線式部分放電検出装置[24)]

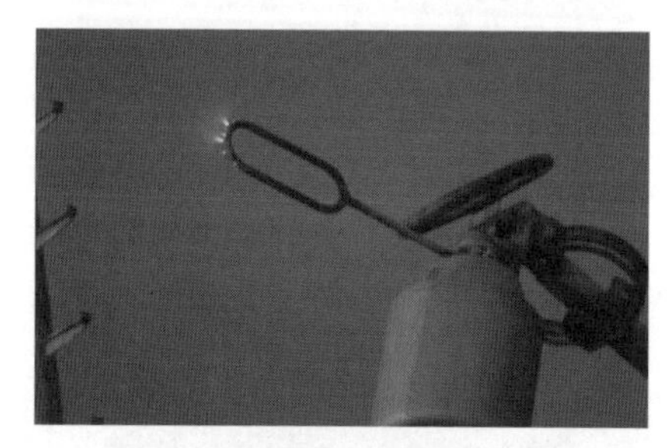

図 2.55　紫外線によるコロナ放電の可視化事例

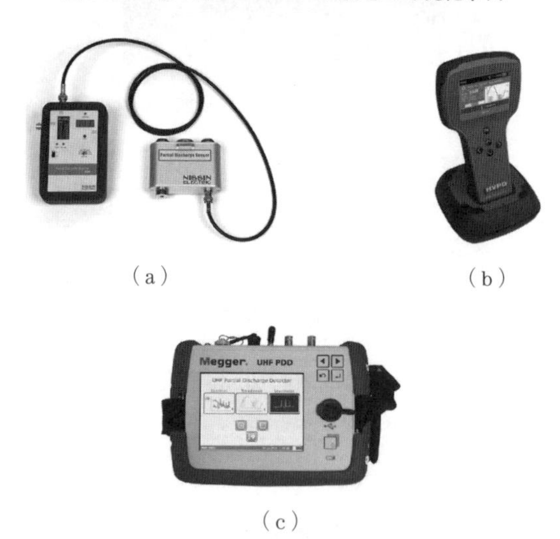

（a）　（b）

（c）

図 2.56　各種電磁波式部分放電検出装置例[25)]

これらの電磁波法の部分放電検出装置は，いずれも部分放電検出センサにTEVセンサを用い，配電盤内で生じる部分放電を配電盤の外側から配電盤を開放することなく検出できるようになっている。

TEVセンサは1914年に英国のJohn Reeves博士によって考案されたセンサで，これまでその検出原理が解明されていなかったこともあり，国内では長く普及することがなかったが，近年，時間領域差分法（finite-difference time domain：FDTD）などの電磁界解析技術を使った解析によってその信号の伝搬原理が明らかになり，配電盤の部分放電検出に有効であることが認められるようになってきた。TEVセンサは，配電盤内で生じた部分放電から放射された電磁波が気中伝搬して金属筐体外壁面に励起する電圧が最初に現れ，続いて接地線を経由して励起する過渡接地電圧の2種類の電圧を検出すると考えられている。

図2.57にTEVセンサによって検出された部分放電の波形例を示す。放電波形は，数～数十n秒で変化する数十mVの微小な信号である。

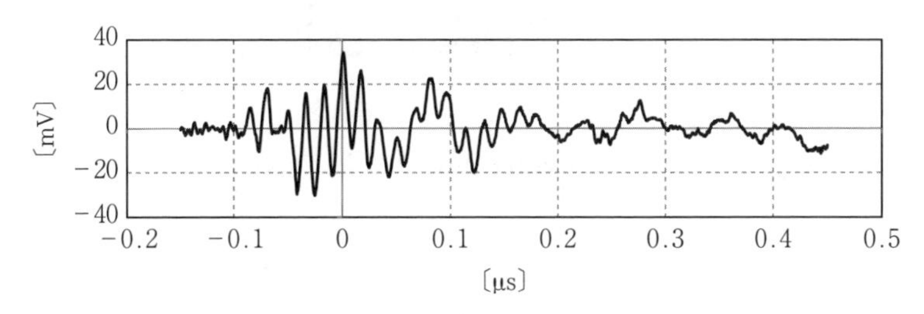

図2.57　TEVセンサで検出した部分放電の波形例

また，これらの装置の中には，検出した部分放電をPRPDパターンとして表示する機能を持ったものがある。PRPDパターンは横軸に時間（電源周期），縦軸に放電パルスの最大値を重ね書きしたものである。部分放電は電源周期の一定のタイミングにランダムに発生するため，数秒～数十秒重ねていくと，**図2.58**（a）に示すように特定の「かたまり」が描かれる。これに対し，ノイズは図2.58（b）に示すように「かたまり」が現れないか，あるいはサイリスタノイズのような人工的な信号の場合は，整然とそろった「かたまり」として

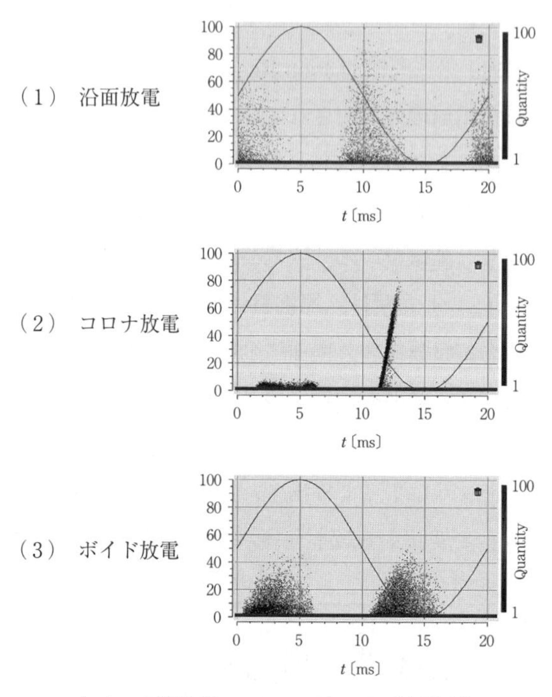

（a） 各種放電の PRPD パターン（実験室）

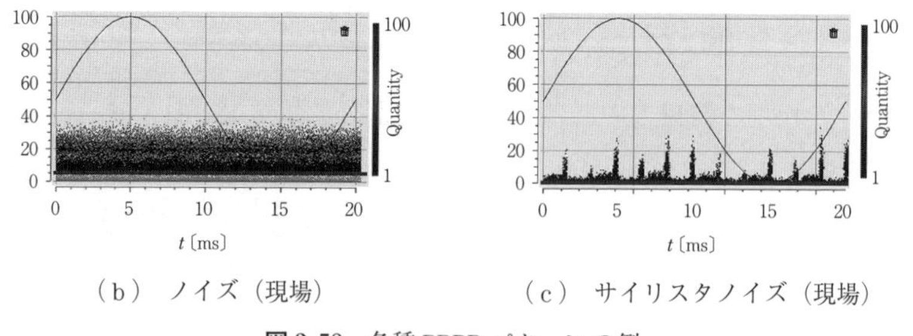

（b） ノイズ（現場）　　（c） サイリスタノイズ（現場）

図 2.58　各種 PRPD パターン の例

現れる。このように，PRPD パターンを用いることで視覚的にノイズと部分放電を弁別することができる。

図 2.59 に 11 kV 配電盤における TEV センサを使用した部分放電の探査事例を示す。TEV センサで全配電盤を探査した結果，2 番目の盤で最も大きな信号が検出された。扉を開放して，超音波で探査したところ 2 番目の盤の遮断器で放電が発生していることが確認された。停電して点検したところ，空気遮断器の絶縁筒に接触不良が原因と考えられる放電痕があり，金属部分には硝酸による腐食が認められた。放電は増し締めすることで消滅した。

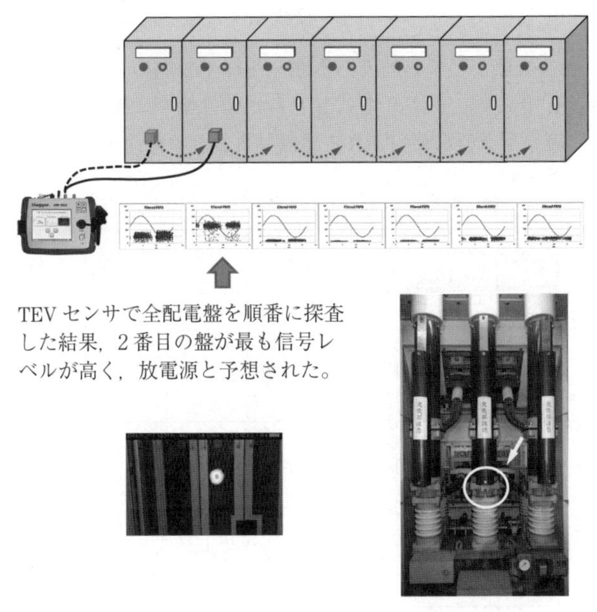

図 2.59　TEV センサによる部分放電の探査事例

2.5.3　化学的絶縁劣化診断法

絶縁物の表面に汚損物質が付着すると，特に湿潤環境において表面抵抗が低下し沿面放電が生じる場合がある。特に，硝酸イオンは表面抵抗の低下に対し，影響が大きいことが知られている。そこで，配電盤内に堆積したダストを採取して化学分析を行い，イオンの種類と量から湿潤時の表面抵抗や残存寿命を推定する劣化診断法が開発されており，配電盤の更新検討などに利用されている。

コラム 2.4　配電盤では誘電正接の測定を行わない？

誘電正接は，交流電圧を印加した際に流れる損失電流から絶縁物の劣化を診断する方法で，絶縁物の精密診断で測定される項目である。しかし，一般的に配電盤では誘電正接の測定は行われていない。その理由は，配電盤には複数の有機・無機の絶縁材料が使用されており，盤全体の管理指標として一概に誘電正接の判定基準値を定めることができないことが挙げられる。また，誘電正接は汚損や吸湿の指標として有効であるが，汚損や吸湿の管理が目的であれば絶縁抵抗で事が足りる。このようなことから，配電盤では誘電正接の測定は行われていない。**表**に配電盤に使用される絶縁材料とその特性を示す。

表　配電盤に使用される絶縁材料とその特性

絶縁材料	材質	誘電正接 $(\times 10^{-4})$	劣化要因	母線	遮断器	変成器	ケーブル終端
セラミック	無機	170〜250	機械的衝撃	○	–	–	○
エポキシ	有機	20〜200 充填剤で異なる	トラッキング・部分放電・電気トリー	○	○	○	○
ポリエステル	有機	30〜300 充填剤で異なる	加水分解・部分放電・電気トリー	–	○	–	–
ベークライト（フェノール樹脂）	有機	60〜100	トラッキング・部分放電・電気トリー	○	○	○	–
EP ゴム	有機	250〜350	トラッキング・部分放電	–	–	○	○

電気設備のトラブルと診断の実際

電気設備は，一般産業の生産設備などへの電気エネルギーの供給源として，重要な使命を持っている。電気設備でいったん電気トラブルが発生すると，工場の操業停止となり復旧にも長時間を要することが多く，多大な損害をもたらし経営に与える影響は深刻なものになる。電気設備を預かる保全関係者にとって事故を未然に防止するために，いかにして設備や機器の劣化度合いを把握し機能を適正に維持しつつ，寿命を正確に判断していくことが必要である。このため，われわれ電気技術者が現場でこれらを推し進めていくために必要な現場で実用できる知識として，これまでに発生した各機器における多くのトラブル事例を知っておくこと，またそれらの劣化プロセスを理解し，つねに適切な劣化診断技術が活用できるように準備しておくことは大切である。なお，本章の記載内容は著者の執筆文献である引用・参考文献の 1）～6）の内容をベースにして記載した。

3.1 ケ ー ブ ル

3.1.1 ケーブルの現場におけるトラブル事例

事例 ①：ケーブルが水につかっている埋設部やケーブルピットで絶縁体に水トリー（橋絡水トリー）が発生し，絶縁体を貫通した[7]。

事例 ②：スチームトラップから排出された熱水がケーブルピットに漏れ込み，**図 3.1** に示すような水トリーが発生し地絡した。

事例 ③：埋設部に多条布設されたケーブルのうち，中心部付近のケーブル

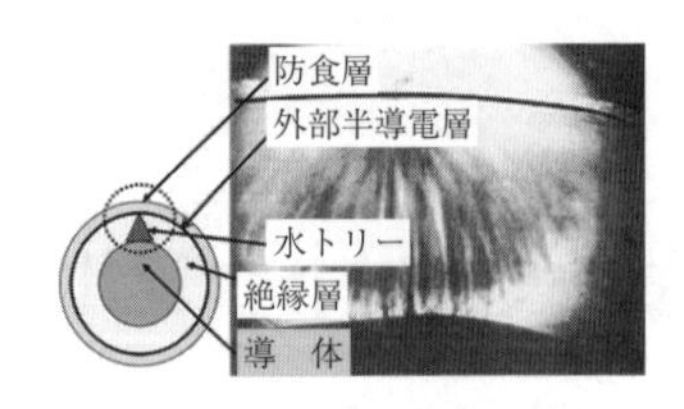

図 3.1　ケーブル断面の橋絡水トリー

が過熱し，ケーブルシースや絶縁体が劣化して割れを生じ絶縁破壊した。

事例 ④：布設時または増設時にシース（防食層）に外傷が発生し，その外傷部から水分が浸入，遮蔽銅テープが酸化劣化により**図 3.2** に示すように腐食破断した。

図 3.2　遮蔽銅テープの腐食・破断[8)]

事例 ⑤：遮蔽銅テープが通電電流によるヒートサイクルによって伸縮を繰り返して「しわ」が発生し，**図 3.3** に示すように破断した[9)]。

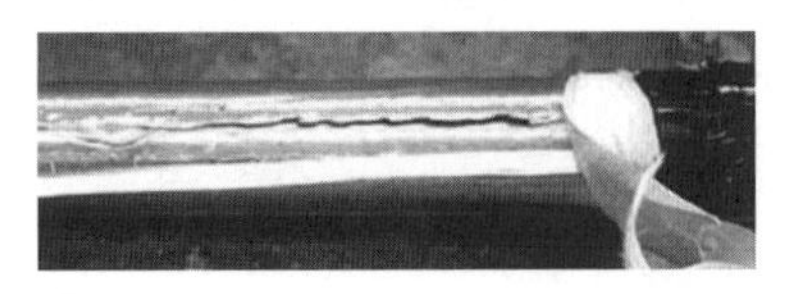

図 3.3　膨張収縮により遮蔽銅テープの割れが発生した事例

事例 ⑥：構造物の曲がり角にケーブル自重が経年的に応力集中した状況でケーブルの伸び縮みが加わり，遮蔽銅テープが破断し絶縁体が焼損して地絡した。

事例 ⑦：ケーブルの上で作業をしたことでそのサポート部が変形し，この影響でケーブルの伸び縮みを阻害した。後年，遮蔽銅テープが破断して焼損し，地絡した。

事例 ⑧：ケーブルの終端部や直線接続部でのケーブルの自重や，ケーブルシースの残留応力緩和によって発生するシュリンクバックによって遮蔽銅テープが長手方向に伸びてずれ，遮蔽銅テープが破断し，**図 3.4** に示すように焼損して地絡した。特に事例 ④ から事例 ⑧ の場合，単心ケーブルやトリプレックスケーブルでは，破断面の電位差により放電が発生したり，充電電流による破断面の半導電層の過熱によりケーブルが焼損したりして，地絡事故や火災が発生している。

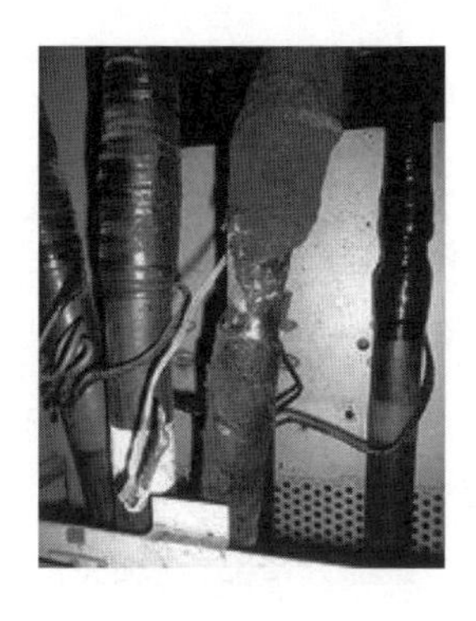

図 3.4 ケーブルのシュリンクバックによる焼損例[10]

事例 ⑨：ケーブルが過負荷運転を続けた場合や管路中の水が熱水となった場合や，温水ピットからの漏れ込みがある場合に，**図 3.5** に示すようにシースの変形や損傷を起こした。

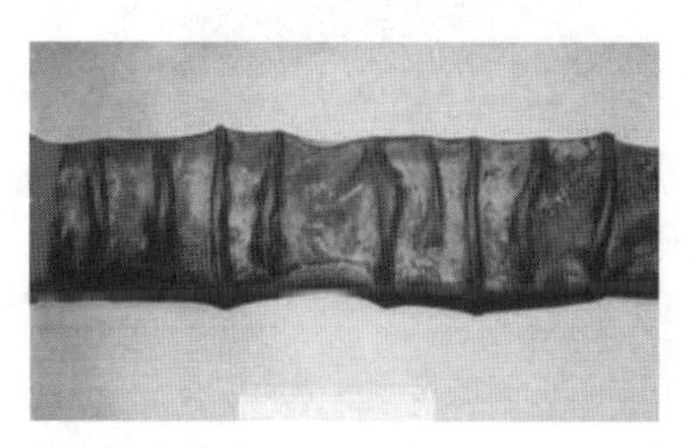

図 3.5 熱水により膨潤したシースの例[8]

事例 ⑩：化学薬品や腐食ガスなどが接触することで変形し，劣化の発端となる場合がある。薬品により変形したシースの例を**図 3.6** に示す。化学的損傷は，布設環境により外部から劣化が引き起こされるた

図3.6　薬品により変形したビニルシース[8)]

め，シースに顕著に現れる。劣化形態は，膨潤のほかに，硬化，亀裂，溶解する場合がある。また，化学劣化の場合，主絶縁体に化学トリーが発生する場合がある。

事例 ⑪：端末の三叉（さんさ）分岐部において，雨覆いが他相に接触して部分放電が発生した。目視点検したところ放電痕が発見された。オンラインでの部分放電測定で部分放電の電荷量が大きいため，発見された例もある。**図3.7**のように，当該部分に部分放電の放電痕が見られた例もある。

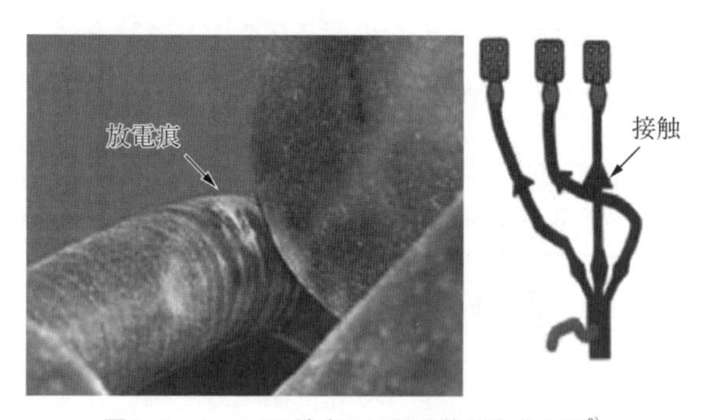

図3.7　ケーブル端末での部分放電劣化の例[9)]

事例 ⑫：屋外設置の終端部において，**図3.8**に示すように，雨水や塵埃の付着，塩害などが原因となり，火花を伴うトラッキングを起こしてがいし表面を侵食する例と，がいし表面の局所的な乾燥部分で発生するドライバンド放電により，がいし表面が劣化した例もあ

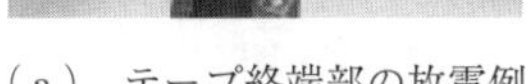

（a） テープ終端部の放電例　　（b） ゴムとう管端部での放電

図3.8 ケーブル端末での沿面放電劣化の例[8)]

る。この現象は，特に海沿いの塩害地域で見られることが多い。

事例 ⑬：接続部の施工時にレジンの含浸が不十分であったため絶縁不良となった。

事例 ⑭：小動物（ネズミやシロアリ）による食害の例を**図3.9**に示す。近年，外来のシロアリの食害による被害が発生している。ケーブルピットの型枠の木材が残っており，これにシロアリが引き寄せられ，ケーブルをかじり絶縁破壊した。

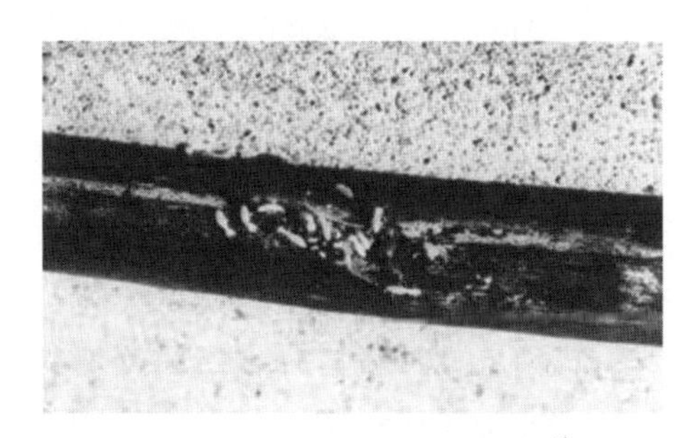

図3.9 シロアリによる食害の例[8)]

事例 ⑮：77 kV CV 800 mm^2 用スリップオン式ガス中終端接続部において，絶縁破壊が発生した。破壊部の状況を**図3.10**に示す。破壊箇所はプレモールド絶縁体の半導電層立上部付近で，接触子には銀めっきの喪失や放電痕跡があった。さらに，接続端子側のケーブル絶

図 3.10 接触子のめっき磨耗による絶縁破壊状況[11)]

縁体の変形や接続端子が変色し，酸化被膜に覆われているなど発熱の痕跡が見られた。本ケーブルは頻繁に負荷投入遮断が繰り返され，接触子と接続端子間において熱伸縮によるしゅう動が繰り返されていた。このしゅう動により接触子の銀めっきが磨耗剥離して接触面に銅の酸化被膜が成形されて接触抵抗が上昇し，発熱により絶縁破壊に至った。

事例 ⑯：高低差の大きい三心 OF ケーブル線路でケーブルからの漏油により終端接続部で短絡事故が発生した。事故を起こした接続部は，漏油発生点よりも 10 m 以上高い位置であったため，油面低下がトリチェリの真空状態を引き起こしたと判明した。経年変化により鉛被やアルミ被が金属疲労して漏油障害を起こすことも指摘されている。

3.1.2 ケーブルの劣化要因と劣化プロセス[10)]

CV ケーブルの劣化は，**図 3.11** に示すようにケーブルの長手方向の高低差や水の有無などの布設環境により大きく違ってくる。布設環境を考慮した部位別の劣化進展フローは，**図 3.12** に示すとおりである。しかし，化学的損傷・劣化として油，化学薬品，溶剤などによるもの，生物的損傷・劣化としてのアリなどによる食害などは限られた使用環境のみで発生しており，被害が予想される場所では，あらかじめ対策することができる。このほかに，熱劣化として

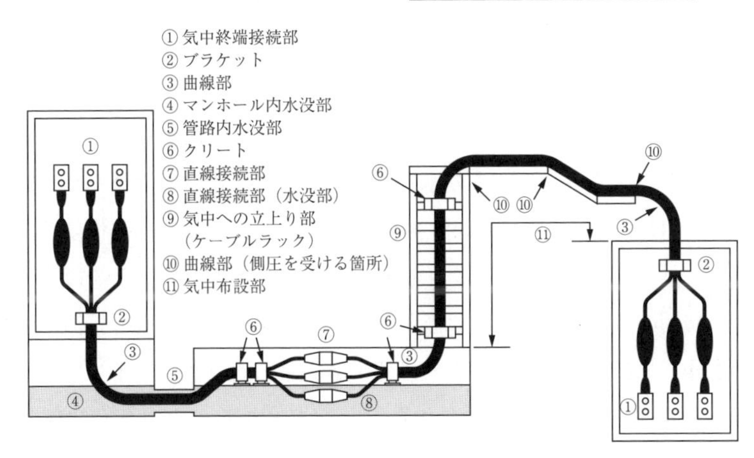

図 3.11 CV ケーブルの布設環境

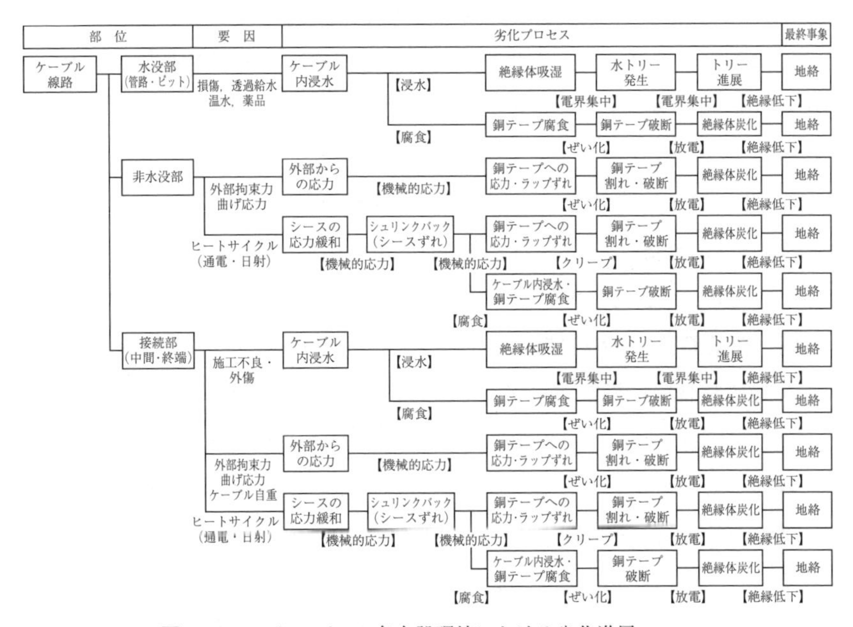

図 3.12 CVケーブルの各布設環境における劣化進展フロー

異常温度上昇，熱伸縮などがある。また機械的劣化として，布設時や接続部組立て時の施工不良および運用中の外傷，衝撃によるものもある。これらは，設計・施工・運用が適切でないと運転ストレス下で部分放電を生じ，破壊原因となることを示している。

〔1〕 水トリー劣化

CVケーブルの絶縁破壊の大半は水トリーによるものだが，ケーブル絶縁体周辺に水が存在する場合に，この水と局部的な電界集中が原因となり，樹脂状（トリー状）にパスが進展していく劣化現象をいう。水トリー劣化には，内導水トリー，外導水トリー，ボウタイ状水トリーに大別される。そのほとんどの原因は，初期の製造方法である水蒸気架橋による水分，防食層の外傷により浸入した水分，材料としてテープ巻内外部半導電層方式（T-Tタイプ）や原材料中の異物やボイドによる電界の集中などが起点となる。1970年代に確認されて以降，現在もケーブル事故の主要因になっている。

水トリー劣化は，2.1.1項で説明したように架橋方式や半導電層の構造によって起きやすさに違いがあり，湿式架橋で製造され半導電層がT-Tタイプのケーブルが起きやすく，乾式架橋でE-Eタイプのケーブルが最も水トリー劣化が起きにくい。

半導電層がテープ巻のケーブルで水トリーができやすいのは，半導電性テープ端部の突起や空隙，テープの毛羽立ちに電界が集中し，水トリーの起点になりやすいためと考えられている。

〔2〕 遮蔽銅テープの破断

布設時に防食層に外傷が発生し，その外傷部から水分が浸入して，遮蔽銅テープが酸化劣化により腐食破断する場合，また運用時のヒートサイクルによる熱収縮・膨張の繰返しで破断する場合がある。単心およびトリプレックスケーブルの遮蔽銅テープ破断は，充電電流が高抵抗の半導電層を流れることによる発熱と，破断面での放電の発生とにより，焼損や広範囲なケーブル火災事故につながる。ケーブルの長手方向だけでなく終端部や接続部においても，シュリンクバックにより遮蔽銅テープが破断し焼損に至ることもあり，国内ユーザでも数多く発生している。

ケーブルの外装（ビニルシース）が損傷し，内部に水が浸入すると，遮蔽層に腐食や割れが生じる。遮蔽銅テープが腐食などで破断すると充電電流の一部が半導電性テープを流れ，過熱・焼損事故に至る場合がある。特に，テープシールドは，複数の銅線で構成されるワイヤシールドに比較して腐食や割れが起きやすい。

シースに使用されるポリ塩化ビニルは，水をまったく透過しない物質ではない。シースに損傷がなくても長期間ケーブルが水につかるとケーブル内に水が浸入し，遮蔽銅テープ腐食のリスクがあるので注意が必要である。また，水環境ではない場所でも，通電時のヒートサイクルの繰返しにより遮蔽銅テープが破断する場合がある。余剰電力売電や太陽光発電などで負荷変化が頻繁に繰り返されるケーブルでは注意が必要である。

3.1.3 ケーブルの現場における診断方法

CV ケーブルは，一体押出形の絶縁物構造であるため，電気的方法などにより，絶縁診断を行う必要がある。

〔1〕 絶縁抵抗測定

絶縁抵抗計（メガー）により，ケーブル絶縁とシース絶縁が測定されている。ユーザでは簡易測定として絶縁抵抗測定が低コストで技量や時間もかからず実施されている。これではケーブル絶縁の状況を正確に判断することは困難であり，一般に復電前に接地線取外し忘れや工具の置き忘れなどがないかなどの健全性確認用として測定されることが多い。

〔2〕 直流漏れ電流測定

ケーブルの絶縁体の劣化が進展すると，絶縁体を橋絡する橋絡水トリーに発展する。導体から遮蔽層間に直流高電圧を印加して，水トリー部に流れる漏れ電流を検出し，その絶対値と不平衡率，電流–時間特性，弱点比，キック現象から判定するものである。3 kV，6 kV ケーブルの劣化を検知するうえで有効な診断方法であり，併せて遮蔽銅テープの抵抗値も測定する。優れた精密診断法として，水トリー検出実績も多く，これまで劣化ケーブルの発見に大きく貢献し幅広く普及している。なお，劣化ケーブルでの測定中の絶縁破壊を可能な限り避け，より精度の高い判定を行うために，低い電圧から漏れ電流の値と波形を記録し，異常がなければ電圧を上昇させるステップ昇圧方式で測定する。ただし，この方法では橋絡水トリーの発生初期から容易に検出できるが，未橋絡水トリーの状態では検出することはできない。

直流漏れ電流の波形例を**図 3.13** に示す。6.6 kV では 10 kV までの電圧印加において，0.1 μA 以上の漏れ電流が観測されることで橋絡水トリーの存在を確認できる。また，劣化の進行に伴って生じる漏れ電流の漸増や急増現象は，成極指数（成極比）より読み取ることができ，1 より小さな値になるほど劣化が進行している状態を表す[12]。

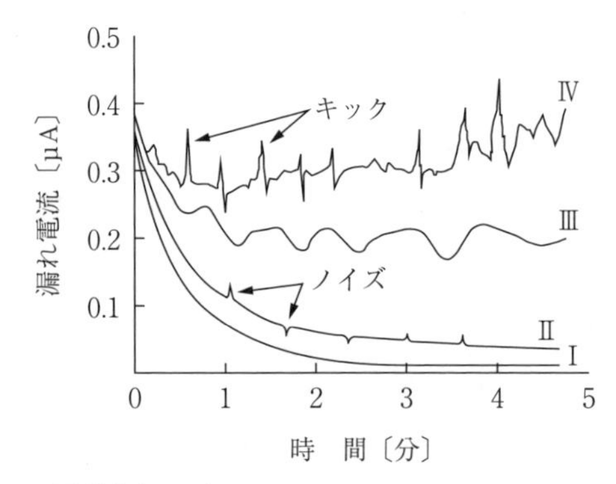

Ⅰ：正常なケーブル
Ⅱ：正常なケーブルでノイズがある場合
Ⅲ：漏れ電流の絶対値が大きい劣化ケーブル
Ⅳ：漏れ電流の上昇傾向，キック現象が見られる劣化ケーブル

図 3.13　直流漏れ電流の波形例

〔3〕 遮蔽銅テープの抵抗値測定

遮蔽銅テープの抵抗測定は停電時に測定する方法とオンラインで測定する方法がある。オンライン絶縁診断システムによる遮蔽銅テープ破断検出例を**図 3.14** に示す。ある時点から断線が始まって抵抗値の上昇が始まり，上下しながら，時間とともに増加していく。回路に 100 Ω の終端抵抗が入れられているため 100 Ω が正常値を示す。また，抵抗値の上限値は 1 000 Ω でピークカットしている。この図から遮蔽銅テープの抵抗値は，負荷電流による温度変化や周囲温度による遮蔽銅テープのラップ状態によって日々変化していることがわかる。

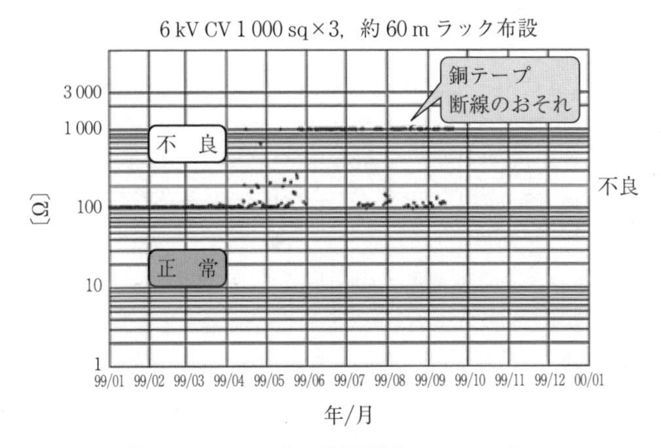

図 3.14 オンライン絶縁診断システムによる遮蔽銅テープ破断検出例[3)]

〔4〕 オンライン絶縁診断（直流重畳法）

3 kV から 11 kV ケーブルの絶縁診断は，20 年前から水トリーの劣化診断用として開発された。ノイズや迷走電流により精度が得られなかったが，問題点が改良されながら現場への導入が進んできている。代表的なものとして直流重畳法による診断法がある。この方法は活線状態で行われ，変電所の接地形計器用変圧器（GPT）の中性点を介して直流 50 V を線路に重畳し，測定するケーブルの遮蔽層から直流電流を高精度に測定し，その電流から絶縁抵抗に換算するものである。このオンライン絶縁診断によりわかってきたことは，ケーブルの絶縁抵抗はある時点から低下が始まるが，この時点を絶縁体が水トリーにより橋絡した時点と考えている。**図 3.15** に測定箇所について示すが，絶縁体の絶縁抵抗のほかケーブルシースの絶縁抵抗や遮蔽層の抵抗値も測定している[13)]。**図 3.16** に 11 kV ケーブルの絶縁体の絶縁抵抗-時間特性で示すように，ケーブルの絶縁体の水トリー部の水の凝集状態はつねに変化しており，見かけの絶縁抵抗が上下しながら，時間とともに低下していく。このオンライン絶縁診断時に注意を要する点は，シース絶縁の不良時は，測定値が変動し絶縁体の絶縁抵抗値の信頼性がなくなるため，発見された場合は，早急に補修し，つねに測定値の健全性を確保しておく必要がある。

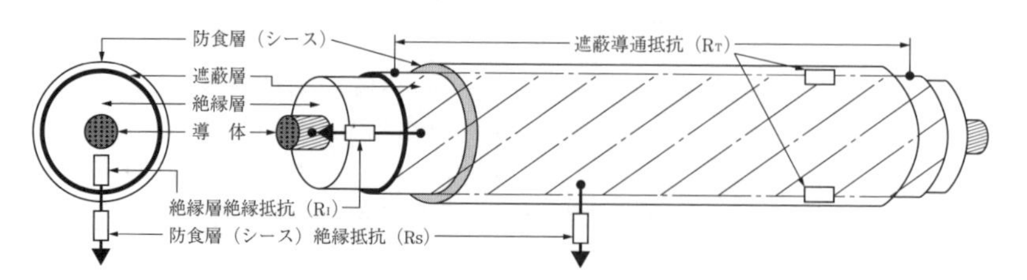

〔注〕：1）絶縁層および防食層絶縁抵抗測定は3相一括測定。
　　　2）遮蔽導通抵抗測定は単心およびトリプレックスケーブルに適用，各相測定。

図3.15　高圧ケーブル（単心ケーブル1相）の断面と測定箇所

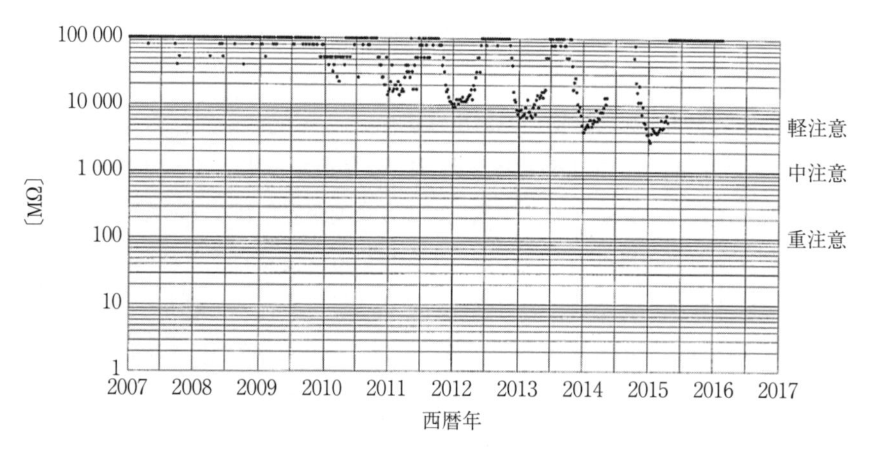

図3.16　11 kV ケーブルの絶縁体の絶縁抵抗-時間特性[14)]

〔5〕 ケーブルの寿命判定

運転中に劣化傾向が観測され始めて急速に劣化が進展していくと，次回の停電時の定期点検時期で健全性の維持ができないことも予想される。そして工場稼動中に事故停電した場合，大きな損失を生じるおそれがある。もし劣化の予測ができれば，次期定期の停電補修に合わせて，ケーブル更新ができ，事故や損失の防止が図れる。**図3.17**は，オンライン絶縁診断による余寿命診断例である。直流重量法による劣化診断において得られた日々の測定データの中で，時間の経過とともに出現する最低値のみを抽出し，両対数グラフの絶縁抵抗-時間特性で劣化の進展を予測する方法である。このデータを基に劣化の進展予測線を作成し，その延長線が限界値と交差する点を寿命点としている。この図では寿命点のしきい値を30 MΩとしている。

コラム3.1 トラブルが発生する前に工場を稼働停止する勇気を持つ！

電気設備の各機器は，メンテナンスフリーが指向され密閉形機器として開発が進んできた。しかしながら当初の知見での設計・試験では予期できなかったいろいろなトラブルが顕在化してきている。このため稼働停止し開放点検により，その健全性を確認していく必要がある。開放点検する場合，長期の停止期間が必要であること，高コストを要することから，その内部で発生している異常をオンライン診断で外部から検知することにより発見することがより重要となる。運転中の設備の異常の予兆を，センサを活用し外部から推し量る必要がある。このため，オンライン技術を活用し，電気機器が発する異常の兆候を捉えていくことが要求されている（**図**参照）。配電盤設備では部分放電測定や温度検知，煙感知があり，変圧器では絶縁油の特性試験や油中ガス分析がある。GISでは部分放電測定，ケーブルでは漏れ電流測定に加えて部分放電測定などがある。これらの診断結果から内部の異常を推定し，絶縁破壊に移行すると推定されるときには，事故が起こる前に稼働中の工場を停止し，停電して補修する勇気も必要である。

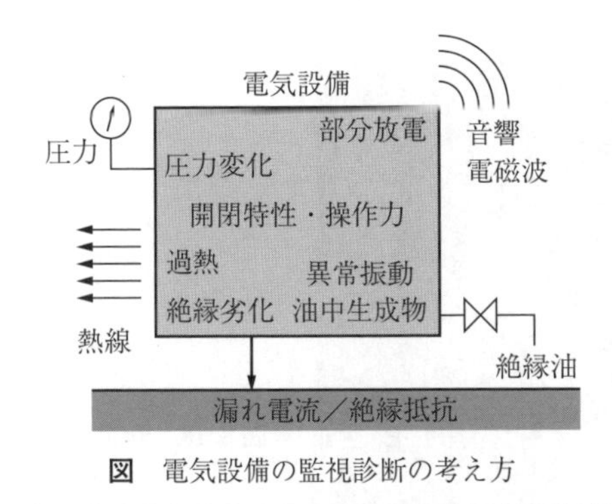

図 電気設備の監視診断の考え方

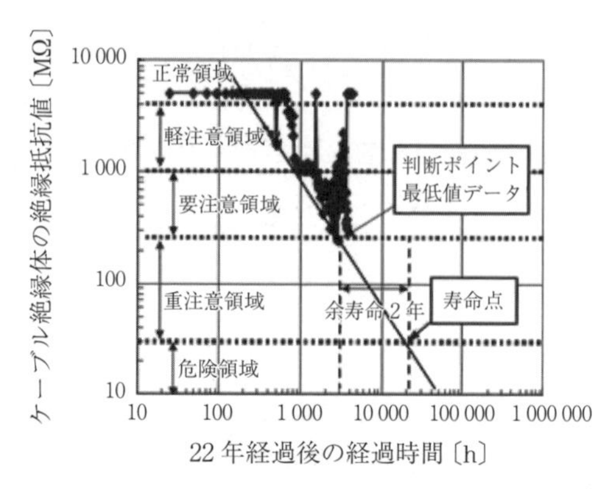

図 3.17　オンライン絶縁診断による余寿命診断例[3)]

3.2 変　圧　器

3.2.1 変圧器の現場におけるトラブル事例

〔1〕 油入変圧器の現場におけるトラブル事例

事例 ①：高負荷の高経年変圧器の内部で絶縁紙の機械的強度が低下し，外部短絡や雷，負荷開閉時の励磁突入電流などサージ電圧の侵入時に巻線が絶縁破壊に移行した。

事例 ②：変圧器内部で，**図 3.18** に示すように硫化銅や絶縁油の酸化スラッジによりタップ切替器の接触不良や内部リード端子の接続部の緩み，二次側ブッシング端子の接触不良，鉄心締付ボルトの絶縁劣

図 3.18　無電圧タップ切替器の過熱[9)]

化による内部循環電流増加，鉄心成層の絶縁破壊による局部過熱や放電などの内部異常が発生し，絶縁破壊した[6]。

事例 ③：高経年変圧器のフランジやブッシング，機器取付部のガスケットが長期の周囲温度や発熱，日射熱により圧縮永久歪みが生じ，徐々に面圧が低下し，シール不良による漏油や吸湿が発生した。これが進展し，油面低下や油中水分増加により絶縁破壊へ移行した。

事例 ④：変圧器の部位で一番肉厚の薄い**図 3.19** に示すようなパネル式ラジエターの接合面の腐食が進行し，さびで膨らみ，絶縁油が漏洩（ろうえい）した。同じく管型では，水のたまりやすい集合部との接合部分や溶接部分，本体底部が腐食し漏油した[6]。

図 3.19　変圧器ラジエターからの漏れ

事例 ⑤：油密部の点検口の蓋（鋳物製）が経年劣化により腐食し，酸化鉄が一次端子部に堆積して短絡した。

事例 ⑥：放圧管溶接部に腐食によるピンホールが発生し，空気混入により内部にさびが発生し，鉄心や巻線上に落下して部分放電が発生した。

事例 ⑦：隔膜式コンサベータの隔膜が経年劣化により亀裂や層間剝離を起こし漏油した。

事例 ⑧：放圧弁の接合部のさびおよびリードスイッチのさびにより誤動作し，トリップした。

事例 ⑨：保護監視機器でしゅう動部の磨耗や固着，接点磨耗・発錆（はっせい）などがあり，具体的には油面計の固着やブッフホルツ継電器の動作不良

コラム 3.2　変圧器の絶縁油の油中ガス分析からアセチレンが検出された場合の心構え！

変圧器運転中の定期的な絶縁油ガス分析結果で，アセチレンが検出されることがある（**図**参照）。これは変圧器内部でアーク放電の発生などの異常が起こったことが推定される。この場合，すぐに再測定すること，またセカンドオピニオンを取るため他の分析メーカで分析し，検出データの確かさを確認することが重要である。これは，採油から分析までの過程での他の絶縁油の混入や分析器不具合などの可能性を打ち消すためである。また，短周期での測定を行いトレンド監視し，アセチレンの発生が一過性のものなのか，増加継続しているものなのかを確認する必要があるためである。アセチレンが検出された場合，内部での放電が発生したことがうかがえる。増加が継続している場合は異常状態が継続しているので，絶縁破壊や火災につながる可能性がある。少量のアセチレン検出時に時間経過とともに低下していく場合があるが，これは鉄心のケイ素鋼板や導体の銅にアセチレンが吸着されたことによるものであり，トレンド監視は継続する必要がある。

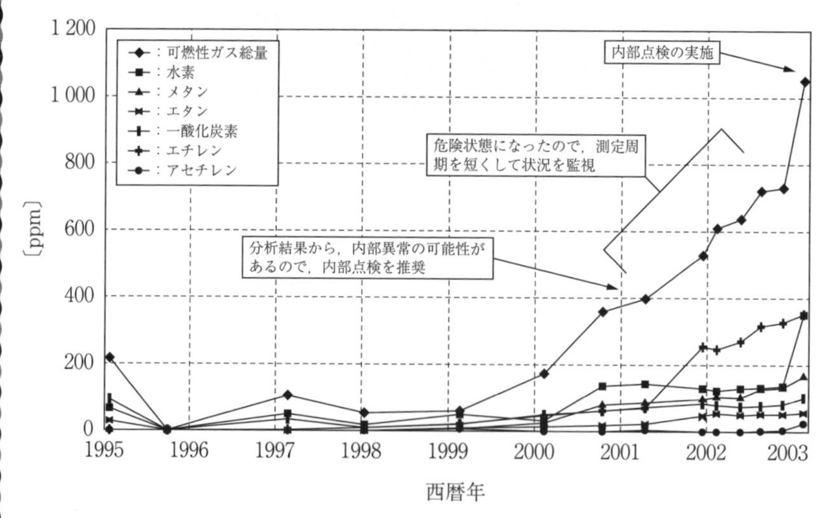

図　油中ガス分析結果の可燃性ガス発生量のトレンドから変圧器の内部異常を見つけた事例（出典：電気協同研究，Vol.54，No.5（その1）（1999））

などが発生した。

事例 ⑩：継電器端子台絶縁部の吸湿により絶縁低下した。直流電圧印加部でのイオンマイグレーションにより絶縁低下した。

事例 ⑪：変圧器の放圧装置や衝撃式油圧継電器などの外部取付機器，それらの付属品に雨水が浸入し，不要動作した。また，シーケンステストで外部取付機器や各端子箱を開放後の後仕舞いが悪く，雨水が浸入し不要動作した。

事例 ⑫：変圧器のダクト開口部からカエルやイタチ，ハクビシンなどの小動物が侵入し，一次端子・二次端子に接触して地絡・短絡した。

〔2〕モールド変圧器の現場におけるトラブル事例

事例 ①：モールド変圧器の場合，製造過程のモールド内部のボイドや異物，製作不良により，設置後から長期間経過して絶縁破壊した。

事例 ②：熱劣化の進行によって樹脂成分が蒸発し，質量が減少してクラックが発生した。

3.2.2 変圧器の劣化要因と劣化プロセス

〔1〕 油入変圧器の劣化要因と劣化プロセス

油入変圧器の内部で使われているおもな構成部位は，**図 3.20** に示すように固体絶縁体，絶縁油，外箱，パッキン，鉄心，タップ切替器，ブッシングに大別される。内部材料には，鉄，ステンレス材料などの構造材料，ケイ素鋼板の鉄心，銅，アルミニウムなどの導電材料や絶縁油，絶縁紙，プレスボード，絶縁スペーサ，巻線押さえなどの絶縁構造材料がある。油入変圧器に使用されている絶縁材料の中で，経年劣化が認められるものは絶縁油および絶縁紙やプレスボードなどのセルロース系材料である。変圧器コイル本体に使用される絶縁紙などの絶縁材は，定期点検などで取替えが困難な場合が多く，変圧器の寿命を支配する。定格の範囲で使用すればアレニウスの式に沿って緩やかな速度で劣化が進行する場合が多い。一方，過負荷運転の継続やタップ切替器や内部結線部の接触不良で局部過熱が生じると急速に絶縁耐力が低下し，絶縁破壊

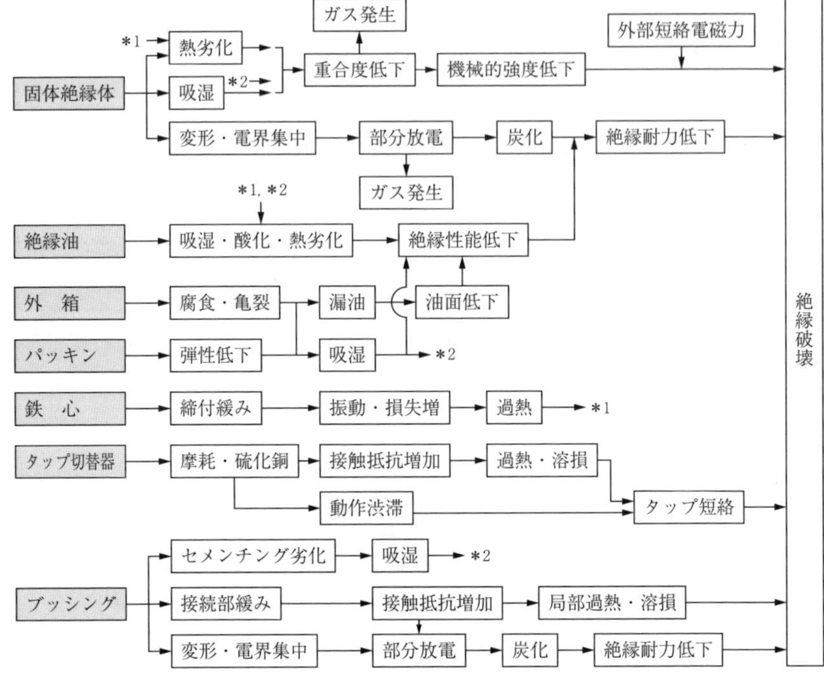

図 3.20　油入変圧器の各部位における劣化プロセス

事故に至る場合がある。油入変圧器は，絶縁破壊事故が発生すると火災になる場合がある。

その中で絶縁油，絶縁紙，スペーサや巻線押さえなどのような有機材料は変圧器運転中の発熱で経年劣化する。劣化した絶縁油は全量交換によって，その機能の回復が可能だが，絶縁紙が劣化した場合は交換が困難であり，更新が必要となる。油入変圧器のコイル導体は油浸絶縁紙で絶縁されている。巻線絶縁（クラフト紙，プレスボード）は，それを構成するセルロース分子の熱劣化分解により，機械的強度が低下する。その中で絶縁紙は，運転中の発熱によって経年劣化し，その油浸紙の絶縁破壊電圧低下は，30 年間程度の長期間運転した変圧器でも約 10〜20％とわずかだが，機械的強度は初期値の 50％程度に著しく低下する。この変圧器の二次側で短絡が起きた場合や雷サージが侵入した場合に，変圧器内部の巻線間に大きな電磁力が発生し，この引張応力に耐えられなくなったときに絶縁紙が破損し，層間短絡や全路破壊に至る。

〔2〕 モールド変圧器の劣化要因と劣化プロセス

モールド変圧器の内部で使われているおもな構成部位は，**図3.21**に示すように固体絶縁体，鉄心，タップ切替器，ブッシングに大別される。モールド変圧器の劣化プロセスは，雷や系統での異常なサージ電圧などの系統異常電圧，二次側短絡，過負荷などがある。また，製造時の不適合やひどい使用環境におけるボイドや剝離，クラックの発生，表面汚損などがあり，過熱や部分放電の発生，漏れ電流の増大などの進展を経て地絡または巻線短絡へと移行する。モールド変圧器は優れた絶縁性能を持っているが，いったんクラックが発生すると，そのクラックから絶縁破壊に発展する可能性がある。

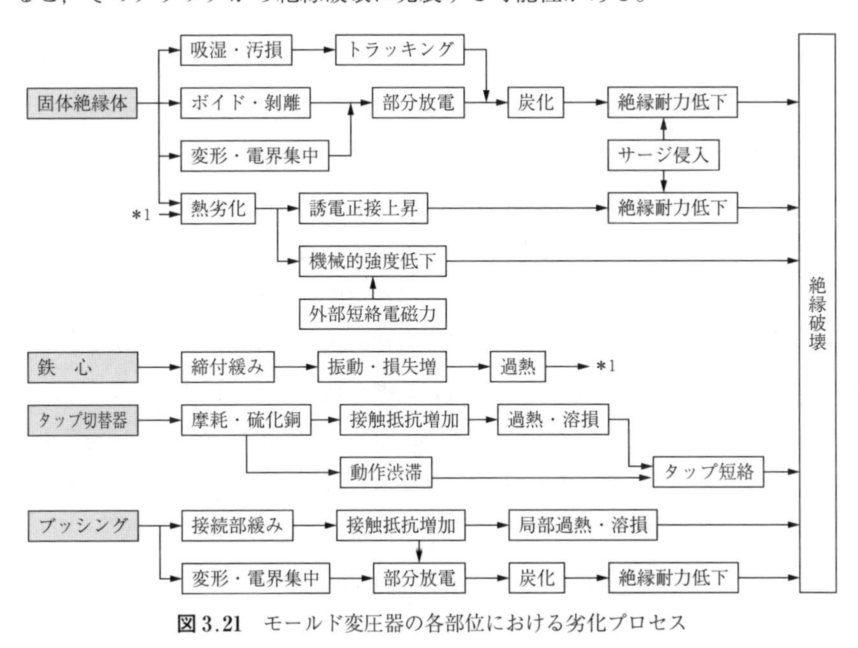

図3.21　モールド変圧器の各部位における劣化プロセス

3.2.3 変圧器の現場における診断方法

〔1〕 油入変圧器の現場における診断方法

油入変圧器は密閉形機器であり，開放点検には高コストと長時間が必要であるため，一般産業のユーザでおもに実施されている油入変圧器の劣化診断方法は，外部からの診断でその密閉形機器内部の劣化状態や部位をいかに把握するかが重要なポイントとなる。

（**a**）**絶縁油の試験方法**　絶縁油中の水分や絶縁破壊電圧，全酸価の管理は必須である。**表 3.1** に絶縁油の保守管理基準値を示す。

表 3.1　絶縁油の保守管理基準値

	基準値			
項　目 ＼ 電　圧〔kV〕	6.6 以下	11～77	110～275	≧ 500
絶縁破壊電圧〔kV/2.5 mm〕	＞ 30	＞ 30	＞ 40	＞ 50
水分〔ppm〕	＜ 40	＜ 40	＜ 30	＜ 20
全酸価〔mgKOH/g〕	＜ 0.3	＜ 0.2	＜ 0.1	＜ 0.1
体積抵抗率〔$\times 10^{12}$ Ω·cm（80℃）〕	＞ 1.0	＞ 1.0	＞ 1.0	＞ 5.0

（**b**）**油中ガス分析による診断方法**[15)]　変圧器の内部の絶縁油や固体絶縁物は，熱影響を受けると，その異常の種類により過熱程度に応じてさまざまな分解ガスを発生する。発生したガスは絶縁油中に溶解するため，絶縁油を採取し，溶存ガスの種類と量を分析すれば，内部の状況を推定することができる。油入変圧器の不具合事象には，通電部の接触不良，地絡，短絡，接地不良による循環電流による過熱，放電などがある。水素と炭化水素系のガスは絶縁油の分解で，$CO+CO_2$ ガスは絶縁紙が熱劣化した場合に発生する。C_2H_2 ガスはきわめて高温で生じるため，検出された場合，特に注意が必要である。

油中ガス分析結果の評価方法は，1980 年に電気協同研究の Vol.36，No.1「油中ガス分析による油入機器の保守管理」が報告されて以来，劣化診断法として広く活用されるようになってきた。その後，1999 年に改訂され，2009 年の電気協同研究の Vol.65，No.1「電力用変圧器の改修ガイドライン」にて，これまでの「油中ガス分析による保守管理基準（**表 3.2** 参照）」，診断方法として「様相診断①　ガスパターンによる診断方法（**表 3.3** 参照）」，「様相診断②

表 3.2 油中ガス分析による保守管理基準

	要注意レベルⅠ	要注意レベルⅡ	異常レベル
C_2H_2	0.5 ppm	0.5 ppm	5 ppm
C_2H_4	10 ppm	TCG : 500 ppm かつ $C_2H_4 \geqq 10$ ppm	TCG : 700 ppm かつ $C_2H_2 \geqq 100$ ppm
TCG	500 ppm		
H_2	400 ppm	−	−
C_2H_6	150 ppm	−	−
CO	300 ppm	−	−
CH_4	100 ppm	−	−
TCG 増加率	−	−	70 ppm／月 かつ $C_2H_4 \geqq 100$ ppm

異常診断図による診断方法（**図 3.22** 参照）」などに加えて，その他「特定ガスによる診断」や「等価過熱面積を用いた診断方法」,「トレンド分析による様相診断方法」,「線形 SVM による様相診断方法」が提案され，診断の精度および部位の層別や推定が大幅に向上した。

（**c**）　**油入変圧器の寿命判定方法**　　油中フルフラール量測定による重合度推定法は，近年，診断コストの低減で普及がかなり進んでいる。併せてバックチェックのため，$CO + CO_2$ 法による重合度推定法も併用されている。絶縁紙やプレスボードのセルロースの熱分解過程で，アルデヒド成分のフルフラールが生成する。生成したフルフラールの大部分は絶縁紙やプレスボードに吸着されるため，その一部が絶縁油に溶解している。JEM 1463 では，寿命の判定基準が以下のように規定されている。

・寿命レベル　　平均重合度：450（信頼性が低下するレベル）

・危険レベル　　平均重合度：250（絶縁紙の機械的強度が消失し，形状を保持できないレベル）

新品の絶縁紙の平均重合度 1 000 前後が，劣化とともにその値が低下する。この変圧器の外部で短絡が起きると，変圧器内部のコイル間に大きな電磁機械力が発生する。変圧器はそのストレス 120 MPa の応力に耐えられるように設

表 3.3　ガスパターンによる診断方法

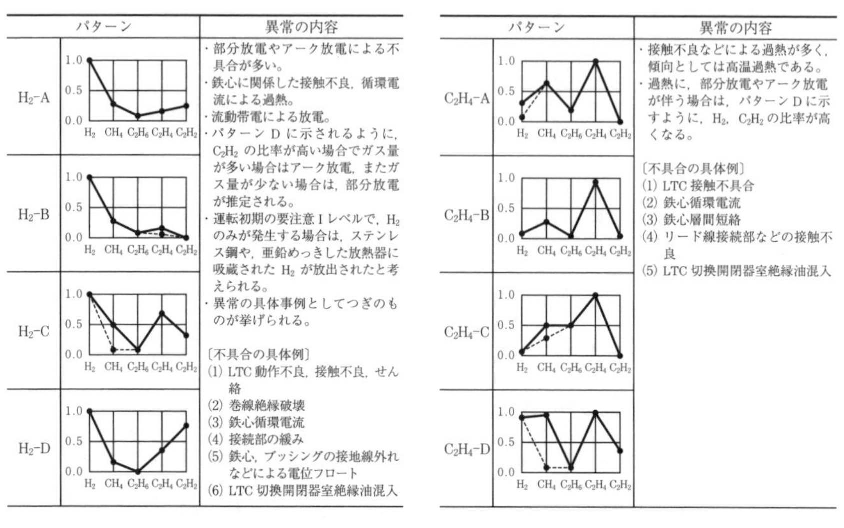

（a）　H_2 主導形

パターン	異常の内容
H_2-A	・部分放電やアーク放電による不具合が多い。 ・鉄心に関係した接触不良，循環電流による過熱。 ・流動帯電による放電。 ・パターン D に示されるように，C_2H_2 の比率が高い場合でガス量が多い場合はアーク放電，またガス量が少ない場合は，部分放電が推定される。 ・運転初期の要注意 I レベルで，H_2 のみが発生する場合は，ステンレス鋼や，亜鉛めっきした放熱器に吸蔵された H_2 が放出されたと考えられる。 ・異常の具体事例としてつぎのものが挙げられる。 〔不具合の具体例〕 (1) LTC 動作不良，接触不良，せん絡 (2) 巻線絶縁破壊 (3) 鉄心循環電流 (4) 接続部の緩み (5) 鉄心，ブッシングの接地線外れなどによる電位フロート (6) LTC 切換開閉器室絶縁油混入
H_2-B	
H_2-C	
H_2-D	

（b）　C_2H_4 主導形

パターン	異常の内容
C_2H_4-A	・接触不良などによる過熱が多く，傾向としては高温過熱である。 ・過熱に，部分放電やアーク放電が伴う場合は，パターン D に示すように，H_2，C_2H_2 の比率が高くなる。 〔不具合の具体例〕 (1) LTC 接触不具合 (2) 鉄心循環電流 (3) 鉄心層間短絡 (4) リード線接続部などの接触不良 (5) LTC 切換開閉器室絶縁油混入
C_2H_4-B	
C_2H_4-C	
C_2H_4-D	

（c）　C_2H_2 主導形

パターン	異常の内容
C_2H_2-A 	・アーク放電が多い。 ・C_2H_2 の発生量が少ない場合は，部分放電が推定される。 〔不具合の例〕 (1) 巻線短絡 (2) LTC でのせん絡 (3) 浮き電極による部分放電

（d）　CH_4 主導形

パターン	異常の内容
CH_4-A	・接触不良などによる過熱と推定される。なお，C_2H_4 主導形より加熱温度は低い。 ・抑振シールドでの加熱＋微小放電では，パターン B（点線）となることがある。 ・過熱に部分放電やアーク放電がともなった場合は，パターン C に示すように，H_2，C_2H_2 の比率が高くなる。 ・タップ選択器接続線締付部の緩みによる過熱では，パターン E のような場合がある。 〔不具合の例〕 (1) 異物などによる鉄心循環電流 (2) LTC 接触不具合 (3) 接触部の緩み (4) 多点接地による局部過熱 (5) 抑振シールド不具合
CH_4-B	
CH_4-C	
CH_4-D	
CH_4-E	

（e）　C_2H_6 主導形

パターン	異常の内容
C_2H_6-A	・絶縁紙が介在しない低温過熱が推定される。 ・タップ選択器接続線締付部の緩みによる過熱では，パターン C のように CH_4，C_2H_4 が高くなることがある。 ・絶縁油の酸化劣化の場合に C_2H_6 主導形となることがある。油劣化方式を考慮し，隔膜密封式の場合は，密封不良が考えられるため，O_2 の減少と N_2 の増加傾向も追跡調査する。 〔不具合の例〕 (1) LTC 接触不良 (2) LTC 切換室絶縁油混入 (3) 絶縁油酸化劣化
C_2H_6-B	
C_2H_6-C	

〔注〕　図中の実線（━━）は，おもなパターンを示し，不具合の内容によっては，点線（-----）の場合もある。

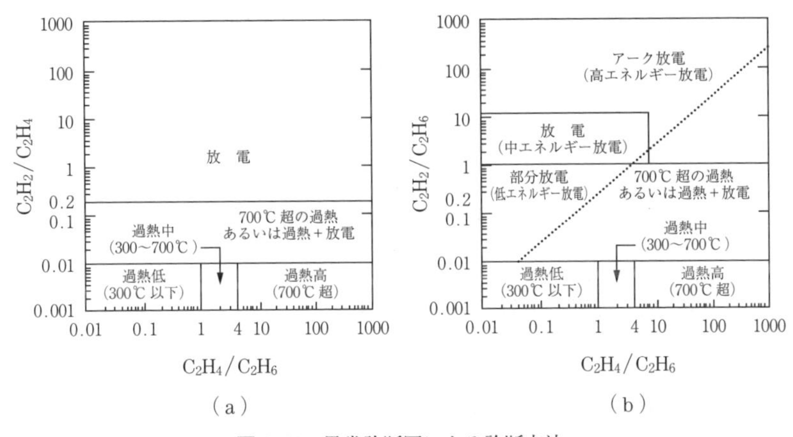

図 3.22 異常診断図による診断方法

計されている。**図 3.23** に新品と劣化した絶縁紙の顕微鏡写真を示す。変圧器の一般的寿命は日本電機工業会（JEMA）では 20 年と報告されている。これは定格負荷で運用された場合で，現場には過負荷や負荷率のきわめて高いものもあれば低負荷のものもある。負荷率の低いものは長寿命が期待できるし，負荷率の高いものは一般的に寿命が短いといえる。

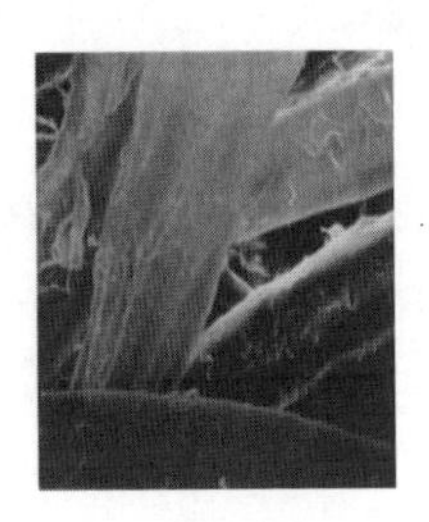

（a） 平均重合度：1 051

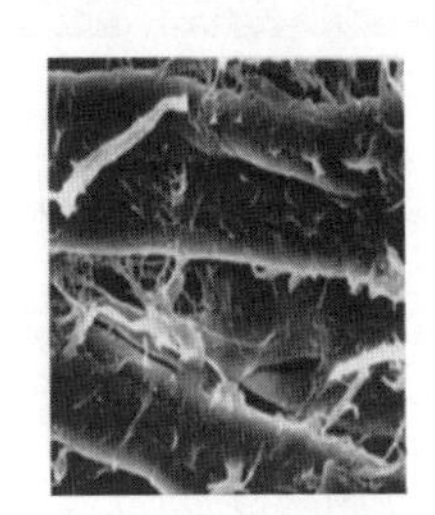

（b） 平均重合度：518

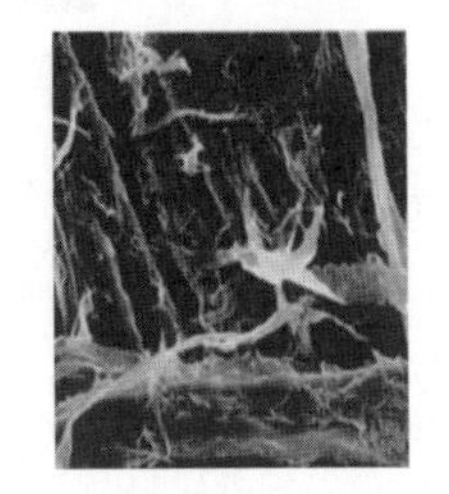

（c） 平均重合度：279

図 3.23 新品（a）と劣化した絶縁紙の顕微鏡写真[16)]

〔2〕 モールド変圧器の現場における診断方法

（a） 部分放電測定方法 絶縁層にボイドや剥離が存在する場合，そこで部分放電が発生しやすくなる。部分放電における部分放電量の増大や位相特性に変化がないかの確認が必要である。測定器を用いて現場で測定する場合はノイズの除去に十分な配慮が必要である。

（**b**）**過 熱 測 定**　過熱により絶縁物の熱劣化が促進されるため，赤外線サーモグラフィなどでモールド部本体や接続部を測定し，局部過熱の有無などの確認が必要である。

3.3 回　転　機

3.3.1 回転機の現場におけるトラブル事例

事例 ①：固定子巻線の塵挨などの汚損・吸湿により漏れ電流が増加し，**図 3.24** のようなトラッキングが発生して絶縁破壊した。

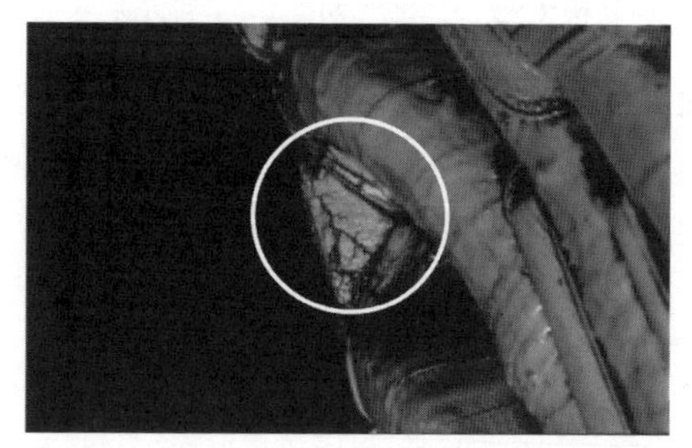

図 3.24　スペーサに生じたトラッキング事例

事例 ②：絶縁物の枯れや振動によって劣化が進み，主絶縁層の中で寿命期に近付くとボイドどうしがつながってさらに大きな欠陥となる。ボイドからはトリー状の放電路が延びマイカテープ間を橋絡し，層間短絡や主絶縁が絶縁破壊した。

事例 ③：電動機口出し線が電動機の熱により硬化し，割れを生じて地絡・短絡した。

事例 ④：軸受へのグリース補給が過多で，巻線部へ漏れ込み吸湿し，絶縁破壊した。

事例 ⑤：巻線端部のバインドリングの糸縛りやコイル相互間の糸縛りの劣化，相互間の絶縁スペーサの収縮による固定力の緩みなどにより，電磁力によってコイルが振動した。また，繰返し応力により巻線端部のコイルの素線切れや層間短絡が発生した。

事例⑥：最近のコイルがエポキシレジンで鉄心スロットに固着一体化された全含浸絶縁方式では，鉄心スロットとコイル絶縁層との間に剥離が生じ，発生するスロット放電により**図3.25**に示すようにコイル直線部半導電層が磨耗する。さらにマイカ絶縁層が侵食され，ますますコイル振動が増大し，絶縁層の磨耗を加速してコイルが絶縁破壊した。この場合，内部の目視点検でスロット部に半導電層や絶縁層の磨耗粉の堆積が見られる。また，部分放電の増加により発生した硝酸によって電動機内部が腐食したり（**図3.26**参照），冷却器フィンなどの腐食が発生したり（**図3.27**参照），回転子のバランスウェイトのボルトや留め金，冷却ファンが応力腐食割れで折損した（**図3.28**参照）。これらの折損した金属がはじき飛ばされ，固定子巻線を損傷し地絡・短絡に至っている[10),17)]。

事例⑦：冷却水クーラーチューブ内での堆積物や貝の成長による目詰まり，

図3.25　くさび下の半導電層の損傷状態

図3.26　本体内部の腐食状態

図 3.27　空気冷却器の腐食状態

図 3.28　硝酸腐食による冷却ファンの損傷

および通風部のダストによる目詰まりにより冷却風が低下し，巻線絶縁が熱劣化した。

事例 ⑧：真空遮断器の開閉サージにより高圧回転機の電源側コイルの絶縁耐力が低下し，層間短絡（レアショート）が発生して焼損した。1日に何回も起動停止を繰り返す電動機に多く発生している。

事例 ⑨：起動頻度の多い電動機で始動中に回転子巻線がレアショートを発生し，地絡・短絡が発生した。1日に何回も起動停止を繰り返す電動機に多く発生している。

事例 ⑩：かご形誘導電動機で運転中のうなり音や振動が増大したことから，バー切れ診断のため電流スペクトル診断を実施したところ，**図 3.29**

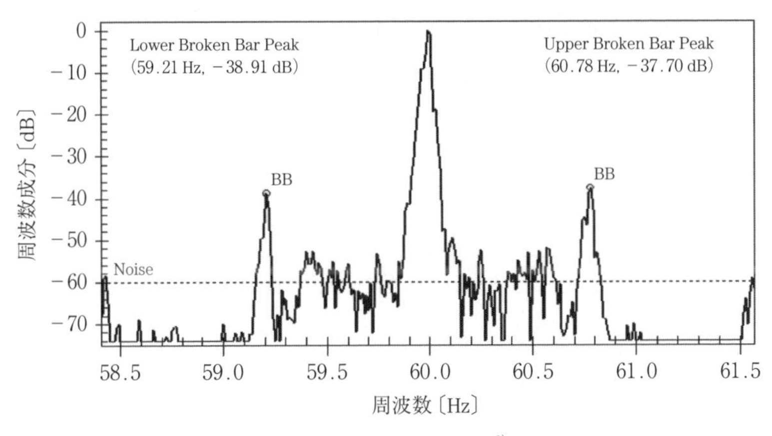

図3.29　電流スペクトル[9)]

のように側帯波スペクトルが特徴的に現れ，バー切れと判断した。開放点検の結果，40本の回転子バーのうち，12本に亀裂・切断などの異常が確認された。1日4回の起動を繰り返し，経年劣化と起動ストレスによって**図3.30**のようなバー切れが促進されたと考えられる。バー切れの初期段階からうなり音や振動が増大してくる。開放点検の実施は高コストを伴うため，電流スペクトルによる診断を実施し，側帯波を確認後，開放点検を実施することが肝要である。

図3.30　電動機の損傷した回転子バー[9)]

3.3.2　回転機の劣化要因と劣化プロセス

高圧電動機の固定子絶縁の劣化要因には，**表3.4**に示すような熱，電圧，機械的および環境による劣化があり，これらの劣化要因が単独あるいは複合して存在している[10),18),19)]。

表3.4　電動機の劣化要因と劣化現象

劣化要因		劣化現象
熱劣化	通常運転	絶縁層の枯れ ボイドや剝離の生成
	過負荷運転	巻線端部や口出しケーブルの割れ ウェッジの緩み
電圧劣化	常規対地電圧	部分放電による絶縁層内部の侵食 トラッキング
	サージ電圧	トリーイング 繰返しパルス劣化
機械的劣化	始動，停止時の電磁力	絶縁層の剝離や亀裂
	振動	磨耗
	冷熱サイクル	巻線固定部や支持材の割れ
環境劣化	化学薬品	化学的変化による溶解
	油	熱膨張による剝離
	導電性汚損	湿熱による加水分解
	吸湿，吸水	トラッキング ダクト目詰まりによる温度上昇

〔1〕 熱　劣　化

通常運転中あるいは始動，過負荷運転時の発熱により絶縁材料の酸化劣化や熱分解を生じる。この熱劣化は，有機絶縁材料である絶縁材料がさらされる温度によって劣化速度が決まる。

その結果，**図3.31**に示すように絶縁特性や絶縁層の機械的強度が低下する。剝離やボイドの生成は部分放電劣化に進展し，機械的強度の低下が振動による劣化を誘発し，さらに湿気や塵埃などの外部環境との複合劣化が進行する。

〔2〕 電 圧 劣 化

常軌対地電圧，起動・停止時のサージ電圧，一線地絡時の電圧上昇，外部からのサージ（雷，スイッチング，インバータなど）電圧によって，部分放電を生

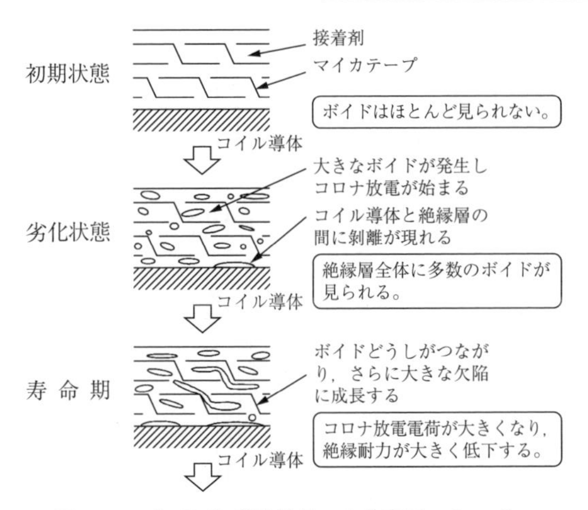

図 3.31　高圧回転機絶縁層の劣化進展メカニズム

じ，絶縁特性を低下させる。また絶縁層内に，剝離やボイドが存在すると，運転中の電圧で部分放電を発生し絶縁層が侵食される。部分放電による侵食は，まず有機材料の分解から始まる。そしてボイドの拡大からボイド間の橋絡を生じ，より大きな放電の発生に移っていく。また汚損や吸湿が原因となって，コイル絶縁表面で発生する外部放電で最初に発生した微小局部放電からトラッキング劣化へと進展し，絶縁表面に炭化導電路を形成し，ついには絶縁破壊に至る[19)]。

〔3〕 機 械 的 劣 化

始動時，負荷投入・遮断時あるいは運転中の電磁力や振動による機械力およびヒートサイクルによる応力によって，絶縁層に変形，剝離，亀裂，摩耗などを生じさせる。特に，機械力が集中してかかるコイルエンド部に発生しやすい。ヒートサイクルによる劣化は，絶縁層と導体の熱膨張の違いに起因し，始動停止，負荷変動時に繰返しせん断応力が両者間に働く。このように機械力によりボイド，クラックが発生し，この部分で放電を伴う機械力と電圧による複合要因劣化を生じるようになる。

絶縁層の劣化要因と劣化メカニズムは図 3.31 のとおりである。また，**図 3.32** に固定子巻線の部位ごとの劣化プロセスを示す。

エポキシ樹脂による含浸絶縁と，旧来のアスファルトコンパウンド絶縁とで

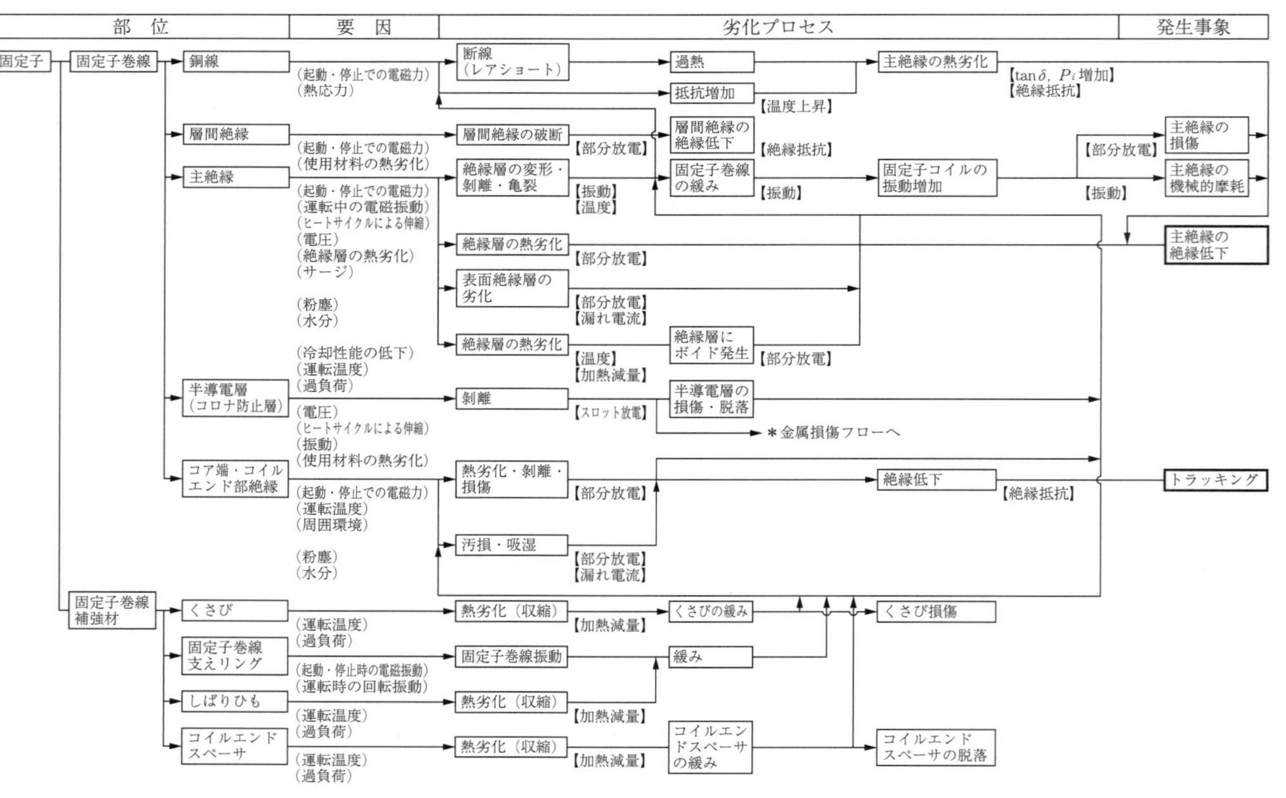

図 3.32　固定子巻線の各部位における劣化プロセス

は，劣化の形態が異なっていることに注意が必要である。この違いは部分放電の傾向に現れる。アスファルトコンパウンド絶縁は，熱劣化によって主絶縁の中のボイドや剥離が次第に拡大することに伴い，部分放電も次第に増加する特性がある。一方，エポキシ含浸絶縁はアスファルトコンパウンド絶縁に比較して主絶縁の絶縁性能が格段に優れている分，電界緩和層や低抵抗半導電層の負担が大きく，これらの半導電層に，剥離や磨耗が起きると一気に部分放電が増加する特性がある。また，集成マイカテープを使ったエポキシ含浸絶縁は寸法精度が高く，製品の品質ばらつきが小さくなった分，限界設計される傾向にある。このため，特にF種絶縁の回転機を，定格どおり155℃で使用すると急激に熱劣化する場合があるので，上限温度を130℃で運用する（F種Bライズ）など運用の工夫が必要である。さらに，産業用高圧回転機では設置環境が多様であるため，汚損（薬品，粉塵，油など）や高湿度などによりトラッキングが発生する場合がある。

近年，比較的新しい高圧電動機や発電機の固定子巻線において，その劣化の進展に伴い部分放電量が急増し固定子巻線が損傷している。また，これにより生成された硝酸が電動機内部を腐食し冷却性能を低下したり，回転子の取付部品の折損により固定子巻線や鉄心の損傷を引き起こしている。これらが発生した場合，復旧に長期を要し工場の稼働に大きな影響を与えている。

この劣化は，経年運用された電動機や発電機で，早いものでは10年未満で発生する。初めに熱劣化，熱膨張・収縮によりスロット内やコア端部，コイル絶縁層の間に剥離が発生し，その間で放電が始まる（**図3.33**，**図3.34**参照）。その放電によりスロット内およびコア端の半導電層が損傷し消滅する。そのときに白色の粉体が発生する。その結果として，巻線が緩み始め電磁振動で動き，絶縁表面が磨耗する現象や，鉄心内の巻線が電磁振動で動くことにより生じるスパーク現象もある。放電も悪化していけば，絶縁を大きく侵食することになり，最終的には巻線寿命を短くすることになる。

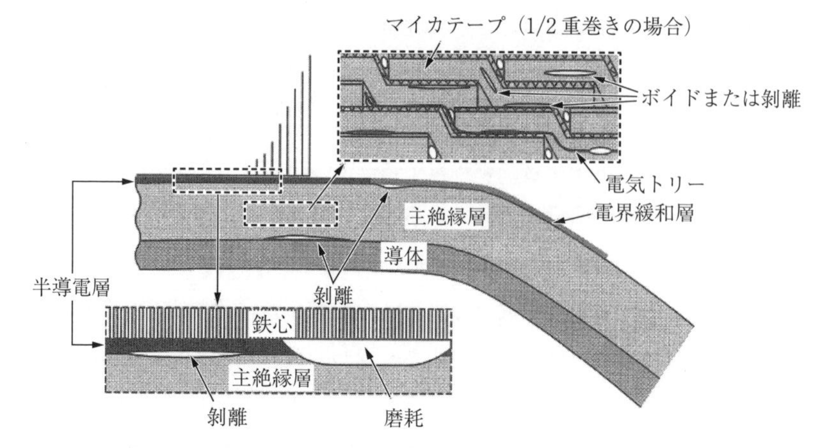

図 3.33　絶縁層内ボイドと半導電層と鉄心間の隙間と放電箇所

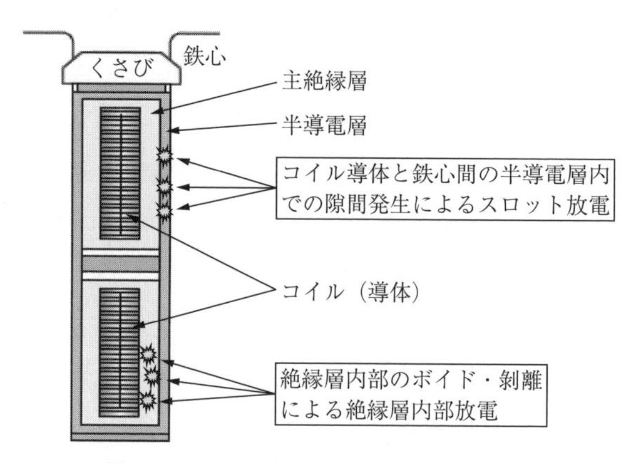

図 3.34　コイル内の放電劣化のイメージ図

〔4〕 環 境 劣 化

つぎに**図 3.35** に示すように，放電の増加によりオゾンが発生し，同時に水分との結合により硝酸が生成される。この硝酸により各金属部で腐食が発生していく。空気冷却器のアルミニウムフィンが腐食し，酸化アルミニウムの白色の粉体が発生するとともにフィンの冷却効果が低下する。また，硝酸雰囲気下で回転子のバランスウェイトのボルトが応力腐食割れで折損したり，回転子のケーブル押さえ金具の腐食で破断する（**図 3.36** 参照）。これらの折損した金属がはじき飛ばされ，固定子巻線を損傷する。その結果，電動機・発電機の地絡

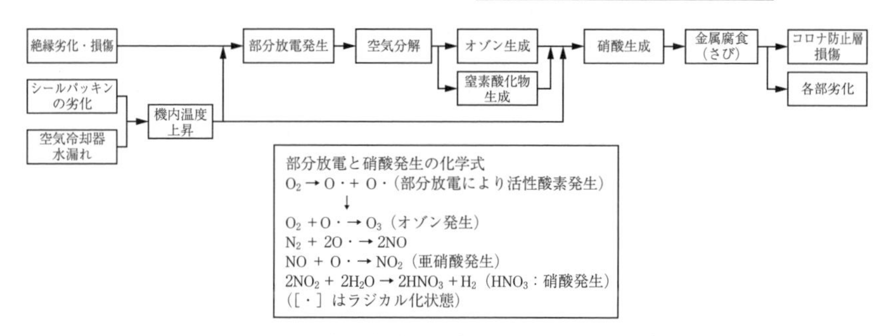

図 3.35　固定子巻線の硝酸による損傷メカニズム

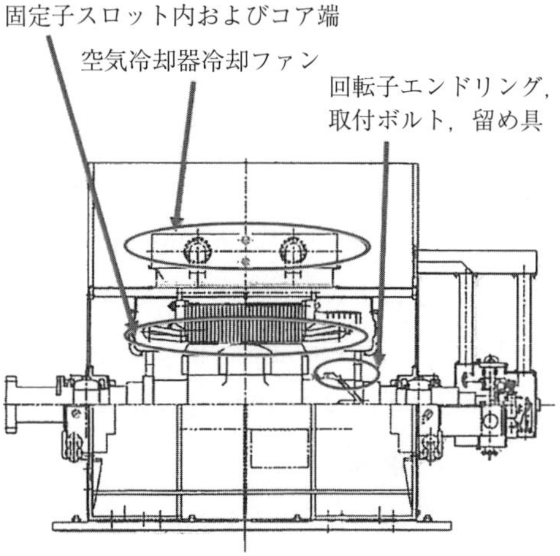

固定子スロット内およびコア端

空気冷却器冷却ファン

回転子エンドリング，取付ボルト，留め具

図 3.36　オゾンによる損傷発生箇所

によりトリップする。これにより復旧に長期を要し，プラントの稼働に大きな影響を与える。

3.3.3　回転機の現場における診断方法

固定子巻線の劣化診断の方法として外観目視点検と電気精密診断がある。おもな劣化診断の方法について解説する。

〔1〕　絶縁抵抗測定

簡易測定である絶縁抵抗測定は，低コストで測定に技量や時間もかからずほとんどのユーザで実施されている。しかしながら絶縁物表面が吸湿，あるいは汚損している場合は正しい値を示すが，現在の状態を示すものであり，今後の健全性を保証するものではない。通常現場では，電源の投入が可能かどうかの絶縁状況の判断に使用されている。

〔2〕 電気精密診断

診断項目としては直流特性試験，漏れ電流測定，静電容量試験，誘電正接($\tan\delta$ 試験)，交流電流試験，部分放電試験などの項目が従来から実施されている。当該機の絶縁方式，コイル製造方式，機種の違いなどにより非破壊特性と破壊特性の相関が異なるため，判定値がそれぞれに応じて示されている。電気精密診断だけではカバーできない部位があり，その健全性を確認するために，目視点検は非常に重要である。絶縁の損傷，クラック，剥離，変色，磨耗，枯れなどの状態，塵挨，油分，水分などの付着状況，ウェッジの緩み，抜け，スロット絶縁物の飛出し，コイルエンド緊迫の緩み，スペーサ類の緩みなどを目視，手触り，打音などによって調べることができる。処置方法については，電気精密診断と併せて，これらの総合評価により，今後のトレンド監視や洗浄ワニス処理，およびコイル巻替えなど処置を決定する必要がある。

〔3〕 オンラインによる診断方法

ユーザにとって機器の運転を停止せずに絶縁診断を実施したいという希望は多く，種々の方法が考案され実機に適用されている。電気的方法として代表的な検出方法に部分放電測定法がある。これは，稼働中の電動機巻線から発生する放電パルスを検出して診断するもので，コイルの緩みや電磁振動に起因するスロット放電が検出できるなどの利点がある。固定子巻線の主絶縁層の絶縁材料は，当初のアスファルトコンパウンド絶縁からレジン絶縁に変わってきている。これにより耐熱特性が向上し，熱劣化速度が低下している。このため，主絶縁層の熱劣化による絶縁層内ボイド部分での放電により，スロット内での半導電層と鉄心間のボイドや剥離部分での放電や，スロットにコイルが入る付近のコア端放電が発生している。このため，電気特性の中でも部分放電の診断が注目されてきている。この予兆の検出は，最大放電電荷量（$Q_{\max}$）を停止時の精密絶縁診断で測定し，増加傾向にないかを把握して傾向監視する必要がある。また，精密診断で相対的に増加が認められるものや，精密絶縁診断が未了なものは運転中のオンライン診断により予兆を捉えておくことが重要である。

〔4〕 **回転機の寿命判定**

実際の運転での破壊は，全コイル破壊電圧の最低値で決定される。この残存破壊電圧の最低値が，どこまで低下した時点を寿命と考えるかが問題となる。現在，国内では残存破壊電圧として定格電圧（E）に対して $2\bar{E}+1$〔kV〕を寿命点とする見解がよく使われている。これは，一般的には初期値の40%相当になる。精密絶縁診断を実施するといくつかの特性値が得られ，これらのデータを基に絶縁状態を総合判定している。**図3.37** に示すように，この特性値から絶縁破壊電圧を推定する方法がある。これは，フィールドでの非破壊絶縁劣化診断との直後の実破壊データの蓄積を行い，その数多くのデータから多変量解析を使用して統計的な相関関係を算出し，この関係を絶縁破壊電圧推定の手法とする方法である。最終的な寿命の考え方は，下限破壊電圧が絶縁耐力に届く時点と考えることができる[21]。

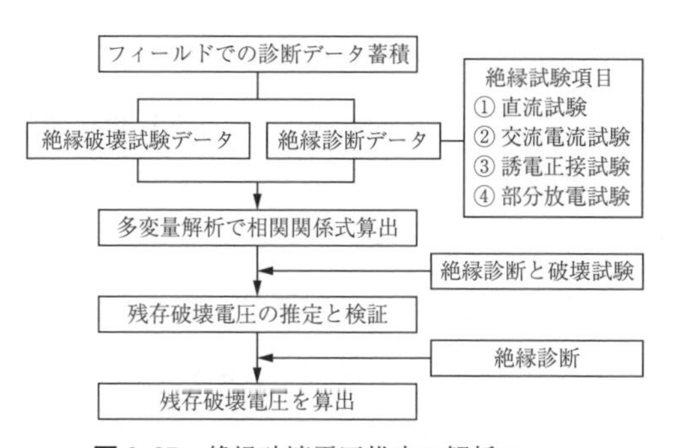

図3.37 絶縁破壊電圧推定の解析フロー

3.4 ガス絶縁開閉器

3.4.1 ガス絶縁開閉器の現場におけるトラブル事例[22]

事例①：フランジ面の発錆やOリングの経年劣化からガス漏れが発生し，

ガス圧が低下した。

事例②：GCB の磁気がい管と金具の間のコーキングの劣化により**図 3.38** に示すようにセメンチング部に水分が浸入し，アルカリとがい管中のシリカが反応してゲル化し，体積膨張によりクラックが発生してガス漏れが発生した。また，これによりこの部位の強度が低下し地震時に破損した例もある。

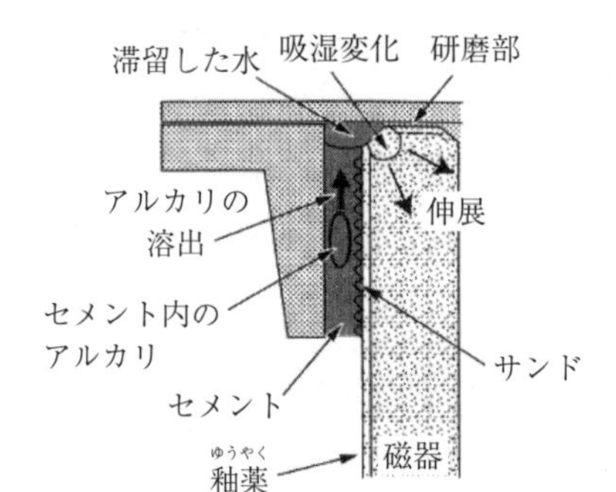

図 3.38　がい管の吸湿劣化の様相

事例③：金属フランジを用いた絶縁スペーサのスタッドボルト座金部からフランジ接合面に水分が浸入し，端子部に滞留した後，水分が氷結し体積膨張した際に生じた応力で絶縁スペーサ端子部にクラックが発生し，ガス漏れが発生した（**図 3.39**～**図 3.42** 参照）。初期の特定の機種で顕在化しているが，防水効果の低いものは注意が必要である。

事例④：接地開閉器での誘導電流の開閉によりスパッタが発生し，絶縁スペーサ表面への溶融金属異物の付着により，電界集中から沿面に

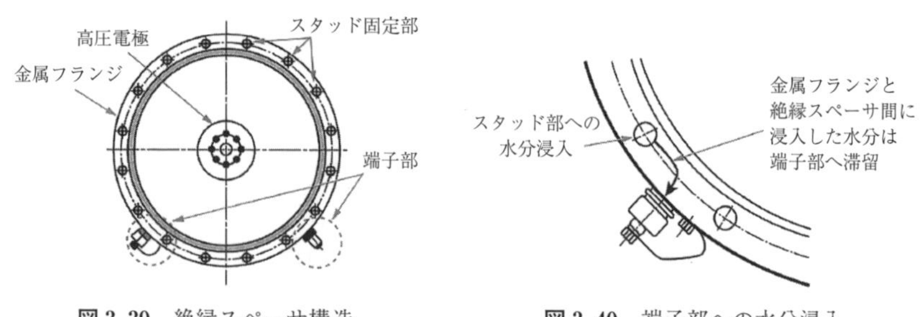

図 3.39　絶縁スペーサ構造　　**図 3.40**　端子部への水分浸入

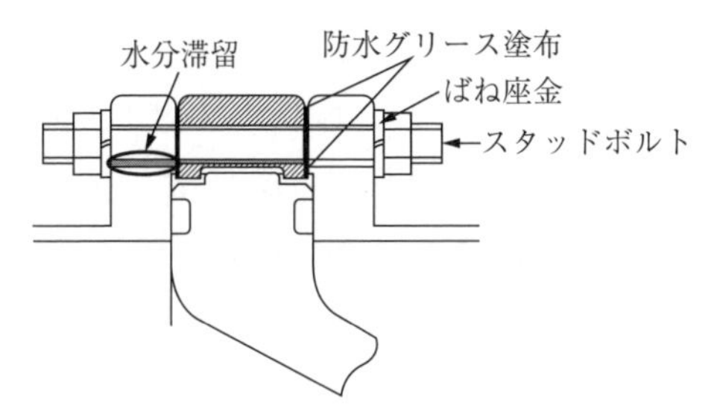

図 3.41　スタッド固定部への水分滞留

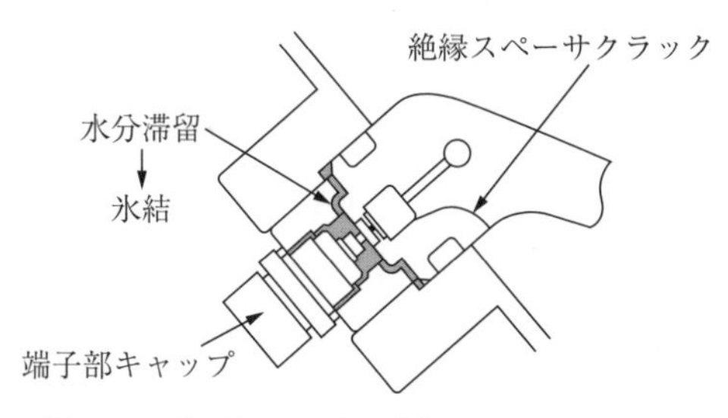

図 3.42　端子部における絶縁スペーサクラック

てせん絡し内部地絡が発生した（**図 3.43** 参照）。初期の特定の機種で顕在化しているが，今後も誘導電流が増加しているものには注意が必要である。

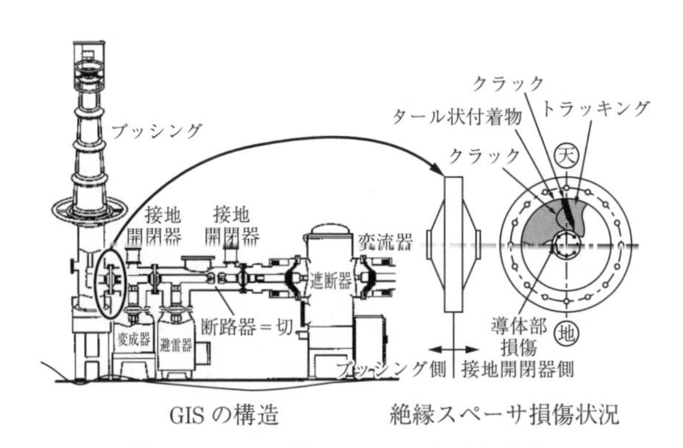

図 3.43　GIS の絶縁スペーサ部内部地絡

事例 ⑤：他の機器で発生したものであるが，GIS でも同様な部位のあるシールドの取付金具リベット部やピンかしめに応力が集中し，クラックが発生した。

事例 ⑥：他の機器で発生したものであるが，GIS でも同様な部位のある断路部開放時の衝撃による固定電極のポンチの係合いが外れ，固定電極の緩み・突出により開閉操作不能が発生した。

事例 ⑦：操作機構が空気式の場合，空気操作弁にドレンが付着して腐食した。

事例 ⑧：油圧式の場合，作動油の劣化生成物が弁内部に付着し，パイロット弁の固渋が発生した。

事例 ⑨：操作機構部のグリースが劣化して固化し，動作不良が発生した。

事例 ⑩：リレー接点への昆虫などの異物の侵入による接触不良となり，動作不良が発生した。

事例 ⑪：電磁接触器や補助継電器などの電装品の接点異常が発生し，動作不良が発生した。

事例 ⑫：外観の発錆による盤内への雨水浸入や腐食性ガスによる各部の不具合が発生した。

事例 ⑬：人為的な操作ミス，開放点検時の組立て復旧ミスによる三相短絡事故が発生した。

3.4.2　ガス絶縁開閉器の劣化要因と劣化プロセス[20),23)]

GIS の劣化部位は，気中部，気中／ガス機密部，ガス中部位に大別できる。気中部に取り付けられている機器・部品は，気中／ガスブッシングを除き，操作機構と制御回路が対象となる。発錆に代表される設置環境による劣化と動作回数に起因する機構部の摩耗・疲労が原因で劣化し，開閉機構の動作不良が発生する。

気中／ガス機密部の劣化は，パッキンの経年劣化によってガス漏れが発生し，ガス圧低下で絶縁性能の低下となり絶縁破壊となる。

ガス中部位の劣化は，投入／遮断時などのアークによる接触部の摩耗による接触不良に起因した過熱，ガス純度の鈍化による絶縁性能低下がある。SF_6 ガスは，新品時に純度 99.8 wt％以上のガスが使用されるが，遮断器の開閉によってSF_6ガスが分解して純度が低下するため，吸着剤（合成ゼオライト）を封入して純度を保っている。GISは，吸着剤の吸着能力低下がない限り内部分解点検の必要性は少ないが，長期間分解点検を行わないため，シール部のOリングが劣化してガス漏れが生じ，ガス圧低下による開閉動作ロックや絶縁性能低下による地絡・短絡事故に至る場合がある。

絶縁スペーサは，一般的にエポキシ樹脂で製造され，GIS内部の導体支持物としての役割だけでなく，GIS内部で事故が発生した場合に，他のガス区画へ事故が波及することを防ぐガス区分の役割も持っている。長期間の電圧印加による電気的ストレスや，高温環境下における機械的ストレスの影響で劣化し，亀裂によるガス漏れやトラッキングの発生により部分放電が生じ，地絡・短絡事故に至る場合がある。またGIS導体接続部に締付不良があり，振動などの外的要因が加わるとGIS内部に微小金属が発生する場合があり，この微小金属が絶縁スペーサに付着すると部分放電が発生する。部分放電が継続すると，SF_6ガス純度の低下・分解生成物の発生などによりGISの絶縁性能は低下し，絶縁破壊事故に至る危険性が高まる。**図3.44**にGISの各部位の劣化プロセスを示す。

パッキンは一般にゴム系のOリングが使用され，ゴムの弾性による接圧面シールの原理でガスを封止するもので，構造および取扱いが簡単で所要スペースが小さいという特徴がある。Oリングは，圧縮されたシール材の復元力でシール効果を得ているので，シール材の復元力がなくなったとき，すなわち圧縮による永久歪みが一定値（一般には80%）を超えたとき，またはシール材質そのものが劣化して微小クラックが発生したとき，シール効果はなくなりいわゆる寿命となる。Oリングの劣化は，使用温度の依存性が高く，アレニウスの式（10℃上昇で寿命1/2）で推定される。**図3.45**はアレニウスの式による計算値と実測値（6年間使用，周囲温度約20℃，圧縮歪み率20%以下）を示したものであり，両者の値はほぼ一致している。同図から平均使用温度50℃では，圧縮歪み率が80%に達するのは20年程度以上であると推定されるが，通常のGISの平均使用温度は50℃より低いので，さらなる寿命延長が期待される[24]。

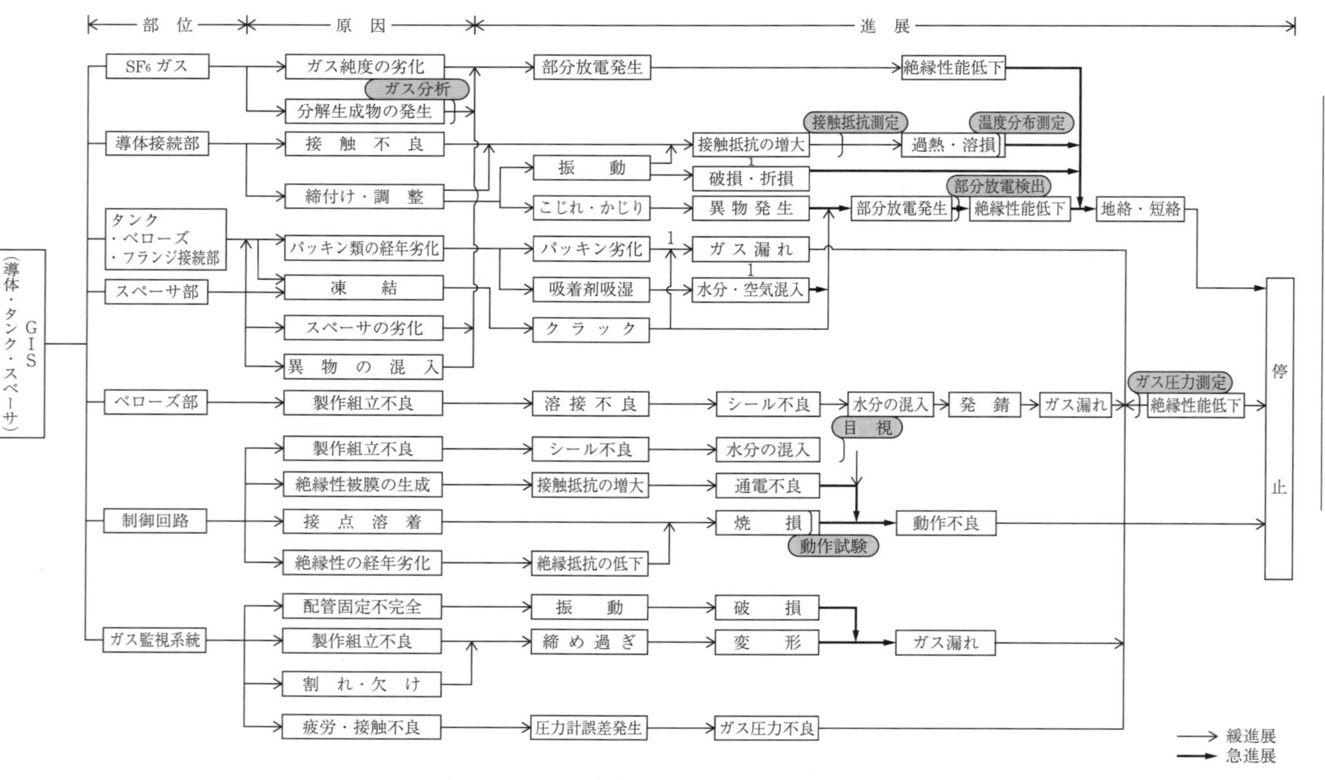

図 3.44　GIS の各部における劣化プロセス

コラム 3.3　アレニウス 10℃ n 倍則とは

高分子絶縁材料の寿命を予測するときに，よく出てくるのが「10℃ n 倍則」である。例えば 10℃上がれば劣化が 2 倍になり，寿命は半減するという経験則のことである。また，10℃温度が下がると劣化は半減し，寿命は 2 倍になるという意味でもある。これは本当に成り立つのか？

定常温度 T から T' に温度を上昇すると，劣化の加速倍率 n は

$$n = \exp\left(\frac{E_a}{R} \times \left(\frac{1}{T'} - \frac{1}{T}\right)\right)$$

の関係式から算出できる。10℃で何倍になるかは，活性化エネルギー E_a の値で決まる。E_a は材料や寿命の定義によって変わるため，実験値によりアレニウスプロットを描いて求めるのが確実だが，環境や材料の制約から文献値を適用する場合もある。

例えば，大気圧空気での熱劣化の活性化エネルギーは，ポリエチレンで 14.7，ポリプロピレンで 13.6 kcal/mol である。活性化エネルギーを 14 kcal/mol，温度 25℃の熱劣化を基準とすると，35℃では加速倍率は約 2 倍となり，10℃ 2 倍則が成り立つ。また，活性化エネルギーが 14 kcal/mol より大きいと，加速倍率は 2 よりも大きくなる（**図**参照）。

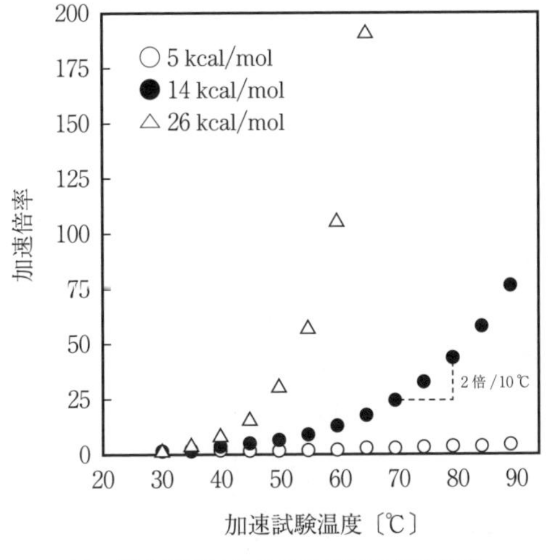

図　寿命試験における熱劣化の加速倍率

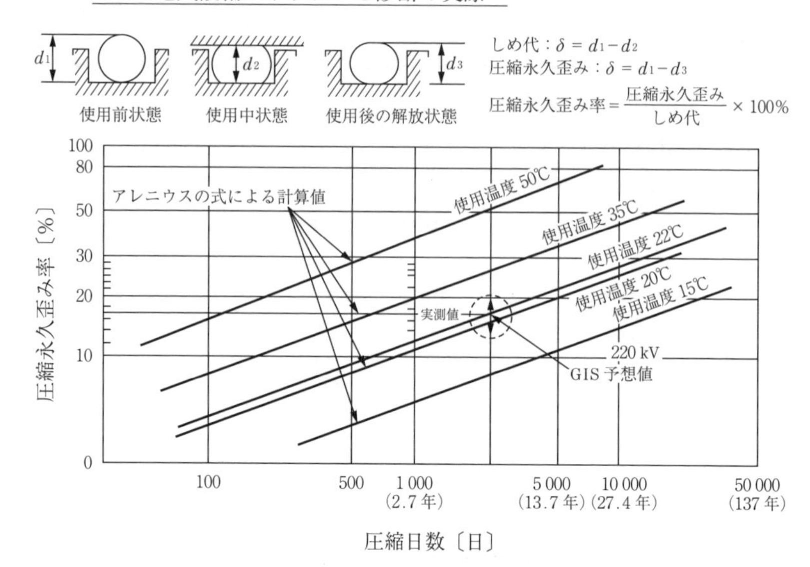

図 3.45　パッキンの温度と寿命との関係

3.4.3　ガス絶縁開閉器の現場における診断方法

おもに定期点検による外観点検，ガス圧管理によるガス漏れ，開閉機構の動作時間の確認，潤滑油不良や変形破損，緩みなどを確認している。以下におもな検査方法と診断方法について述べる。

【おもな検査方法】

① 主回路絶縁抵抗測定
② 主回路接触抵抗測定
③ 遮断器の最低動作電圧測定
④ 遮断器の投入ばねの蓄勢時間および蓄勢電流測定
⑤ 遮断器の開極時間測定
⑥ 真空チェック（C-GIS 用 VCS）
⑦ SF_6 ガスリークディテクタを使ったガス漏れチェック
⑧ 露点計によるガス水分測定

【おもな診断方法】

① GIS 内部状態確認のための X 線診断

コラム 3.4　オゾン・NO_x の発生

オゾンは，化学記号 O_3 と表されるように酸素原子 3 個で構成される分子で，生臭いにおいがし，0.05 ppm 以上の濃度では人体に有害である。人間は 0.01〜0.02 ppm 程度のオゾン臭を検知することができ，電力機器周辺で生臭いにおいがした場合，まずは放電によりオゾンが発生していると考えるべきである。オゾンはフッ素につぐ酸化力を有しており，金属類や有機材料を腐食し劣化させる。やむを得ずオゾンが発生する箇所には，耐オゾン性の高いステンレス鋼や無機材料，フッ素樹脂などを使用する。

自然界では，成層圏内の高度 20〜25 km に 10 ppm 程度の最大値で，10〜50 km に分布しているオゾン層がある。人工的には酸素に紫外線を照射したり，放電にさらしたりすることでオゾンが発生する。化学反応式ではつぎのように，電子や紫外線で酸素分子を解離し，つぎに解離した酸素原子が他の酸素分子と結合してオゾンが発生する。

$$O_2 + e \longrightarrow O + O$$

$$O_2 + O + M \longrightarrow O_3 + M$$ （M は第 3 体，他の O_2 や N_2 など）

酸素分子の解離エネルギーは 5.1 eV であるが，それより大きい 9.8 eV のエネルギーを持った電子が窒素分子に衝突すると，窒素は解離する。したがって空気中で放電が発生すると，窒素分子の解離により窒素原子が生成され，次式で示すように NO が発生する。NO はさらに酸化され，NO_2 や N_2O_5 となって数種の窒素酸化物（NO_x）が発生する。

$$N_2 + e \longrightarrow N + N$$

$$N + O_2 \longrightarrow NO + O$$

$$N + O_3 \longrightarrow NO + O_2$$

電力機器における部分放電は，多くの場合空気中で発生するため，オゾン濃度の 1/10〜1/100 程度 NO_x が発生する。放電エネルギーが高いほど窒素分子の解離が起こり，NO_x 濃度が高くなる。アーク放電などではエネルギーが高いため NO_x 濃度は高くなり，温度も上昇するためオゾンは分解され，ほとんどオゾンが検出されない。また，NO_x 濃度が高い場合は，NO_x とオゾンが反応してオゾンを分解する反応も起こる。さらに，NO_2 や N_2O_5 は水（H_2O）と反応し硝酸（HNO_3）を生成する。部分放電で浸食される絶縁材料に，硝酸が関与すると劣化は大幅に加速されることになる。

② GIS 内部の絶縁状態確認のための HFCT や AE による部分放電診断

③ がい管やスペーサなどの健全性確認のための超音波探傷試験

④ ガス検知管を用いた内部分解ガス（HS，SO_2）検出による異常診断

3.5　遮断器および配電盤

3.5.1　遮断器および配電盤の現場におけるトラブル事例[4)]

〔1〕 遮断器の現場におけるトラブル事例

事例 ①：遮断器の接続部の接触抵抗が増加し，過熱・焼損が発生し，地絡・短絡した。定格電流に対して負荷率の高い部位で発生しやすい。

事例 ②：真空遮断器（VCB）や真空電磁接触器（VMC）の絶縁物への塵挨の堆積と湿気・雨水の付着があり，**図 3.46** のようなトラッキングが発生している。**図 3.47** は，汚損して地絡・短絡した例である。

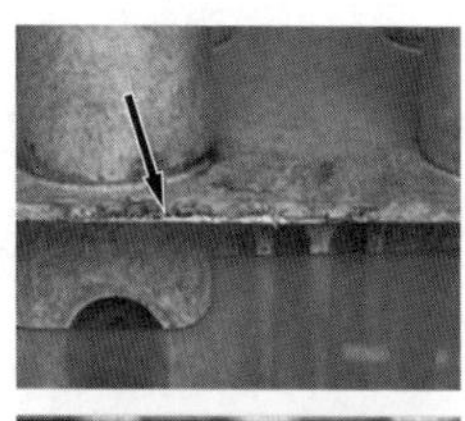

汚損した VCB

図 3.46　真空遮断器の絶縁部のトラッキング例[29)]

図 3.47　汚損し地絡・短絡した真空電磁接触器の例

事例 ③：真空遮断（VCB）や真空電磁接触器（VMC）の絶縁フレームの絶縁物の混合物である炭酸カルシウムと空気中の NO_x，SO_x とから生成された硝酸塩化合物や硫酸塩化合物が吸湿し，絶縁が低下してトラッキングにより絶縁破壊した。屋外キュービクルで発生しやすい。

事例 ④：VCB や VMC の操作機構のグリースが劣化し，油分が蒸発して固化したため固渋となり，投入不能や遮断不能となった。環境条件として周囲温度の高いところや低湿度のところで発生しやすい。

事例 ⑤：VCB や VMC のラッチ機構の駆動部がグリースの固着，塵挨付着により作動不良となり，**図 3.48** に示すようにトリップコイルが過熱焼損している。

図 3.48　固渋でトリップコイルが焼損した例[25)]

〔2〕 配電盤の現場におけるトラブル事例

事例 ①：配電盤の母線支持材でトラッキングにより絶縁破壊した。

事例 ②：配電盤で母線支持材が空気中の NO_x や SO_x により劣化し，絶縁破壊した。

事例 ③：母線支持絶縁物のベークライトが劣化・吸湿し，絶縁低下した。また，低圧の絶縁支持材のガラスポリエステルが劣化・吸湿し，地絡した。

事例 ④：配電盤内でベークライト板と絶縁電線，母線間で放電した（**図 3.49** 参照）。また，貫通形 CT と母線間でも放電が発生した（**図 3.50** 参照）。

事例 ⑤：受電盤の隙間から入った塵挨と強風時の塩分を含んだ水分ががいしに付着し，漏れ電流が発生して地絡した。

事例 ⑥：配電盤内の銅母線や遮断器の接続部の銀めっき部が硫化ガスと反応してウィスカが発生し，配電盤内で堆積して導電路が形成し地

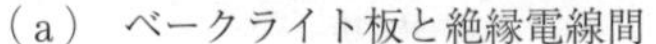

（a） ベークライト板と絶縁電線間　　（b） ベークライト板と母線間

図 3.49 ベークライト板と絶縁電線，母線間の放電

（a） 貫通形 CT と母線間 ①　　（b） 貫通形 CT と母線間 ②

図 3.50 貫通形 CT と母線間の放電

絡した。

事例 ⑦：パワーヒューズの相間の離隔距離が短く，経年劣化で相間短絡した。

事例 ⑧：負荷開閉器の投入用絶縁アームに堆積した塵挨による汚損により絶縁劣化が進行し，部分放電が発生して地絡した。

事例 ⑨：電子化された基板で，内部に使用されている電解コンデンサの熱劣化により容量が低下し，液漏れにより基盤回路でショートおよび断線が生じ，不要動作した。

事例 ⑩：保護継電器で，カバーのパッキン材に含まれる硫黄分で硫化銀ウィスカが発生し，不要動作した。

事例 ⑪：保護継電器で，電流設定用抵抗器の銀めっき部に硫化腐食が発生した。その結果，抵抗が増加して特性が変化し，不要動作した。

事例⑫：電流切換スイッチの接点部の接触抵抗が増加し，保護継電器が不要動作したり，異常発熱によって焼損したりした例がある。

3.5.2　遮断器および配電盤の劣化要因と劣化プロセス

〔1〕　遮断器の劣化要因と劣化プロセス[26]

真空遮断器の各部位における劣化プロセスを**図3.51**に示すが，絶縁支持部，通電部，遮断部，真空バルブ，機構部，制御部に大きく分類される。真空バルブの劣化としては，遮断する電流値と遮断回数，および環境条件（腐食性ガ

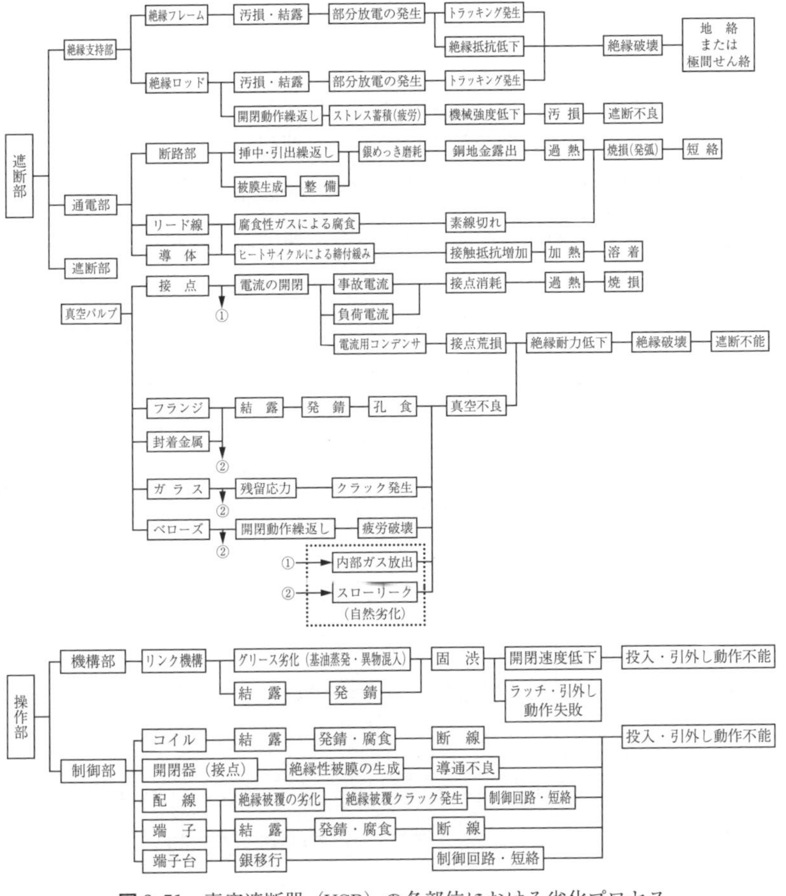

図3.51　真空遮断器（VCB）の各部位における劣化プロセス

ス，湿気，塵挨）などによって接触不良，絶縁低下，真空度の低下が考えられる。絶縁物は樹脂で構成され，汚損や自然劣化で絶縁低下が考えられる。主回路接続部はグリースの固着，固化で過熱が考えられる。機構部は，フックやコロなどの金属材料で構成され潤滑剤としてグリースが使用されている。機構部の劣化は金属材料の発錆や腐食，グリースの固着や固化によって開閉不良に進展する。制御部の劣化はガス，塵挨，湿気などの環境条件や開閉動作によるストレスの影響を受け，通電不良や絶縁の低下に進展すると考えられる。

〔2〕 配電盤の劣化要因と劣化プロセス

配電盤の劣化は，構成する部位・部品の用途や使用部位により，いくつかの形態に分類することができる。配電盤を構成する要素は，遮断器，計器用変成器や，これらを回路として接続する導体・母線およびその絶縁支持物などの主回路構成部品と，一般に汎用品的扱いのできる補助リレー，ランプ，スイッチなどのように比較的交換・更新が容易な制御回路部品に分けられる。

後者の部品類は経年劣化診断をするよりも，健全性の確認とそれぞれに設定した目標耐用寿命をガイドとして，計画的な部品の更新を行うほうが現実的かつ経済的である。

高圧配電盤の主要構成部品類は，容易に交換・更新ができないことと，万一

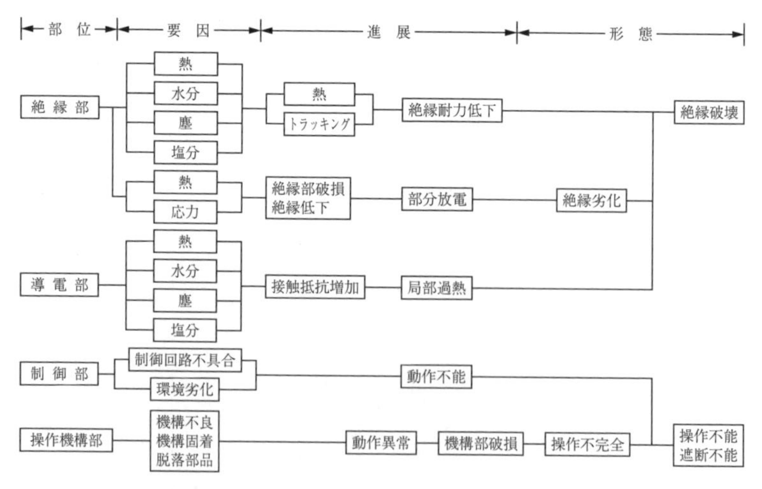

図3.52　配電盤の各部位における劣化プロセス

の事故発生時の影響が大きいことから，主要部位や部品の劣化現象を監視し，その事象を事前に検出して適切な保全をすれば，事故を未然に防止することが可能である。**図 3.52** に主回路機器を除いた配電盤の劣化プロセスを示す。配電盤の劣化は，大きくは絶縁物の劣化，導電部の過熱劣化，制御部・操作機構部の動作不良に分けられる。

（**a**）　**絶縁物の劣化**　　絶縁物は吸湿，表面汚損による絶縁抵抗低下から電位分布が不安定になり，**図 3.53** に示すように漏れ電流が増加してトラッキングが発生し，絶縁破壊する。

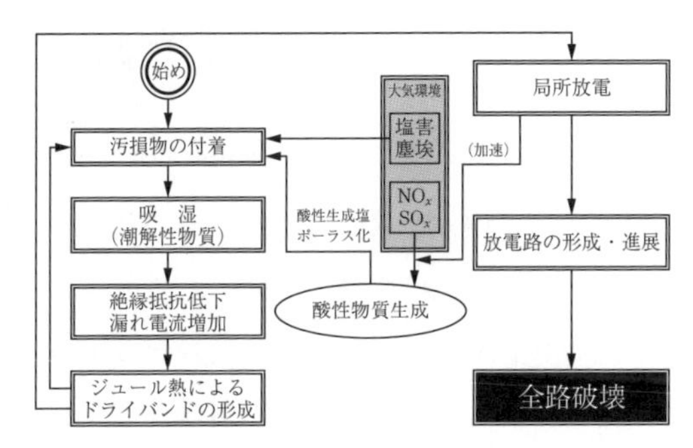

図 3.53　絶縁物の劣化プロセス

絶縁物の劣化の多くは，周囲環境からの汚損物の堆積の影響，窒化酸化物や硫化酸化物などの腐食性ガスと温湿度の影響である。VCB の絶縁バリヤに使用されるポリエステル樹脂は，加水分解により吸湿しやすい状態になる。また，樹脂のほかに充填剤が影響する劣化メカニズムとして，**図 3.54** に示すようなものになる。外部環境の影響を受けて充填剤の炭酸カルシウムが変質することにより，潮解性の物質が生じて吸湿しやすい状態となる。いずれの劣化によっても，表面抵抗の低下によるトラッキングが発生し，地絡・短絡に至る場合がある。近年の機種では対策が行われており，炭酸カルシウムを含まない絶縁材料の適用が進んでいる[27)]。

（**b**）　**通電部過熱劣化**　　主回路通電電流による熱的ストレスが加わり過熱劣化となるもので，定常電流よりむしろ，締付ボルトの緩みや異常環境（過度の温度，湿度，汚損物など）による腐食などに誘引され劣化が進行する。導

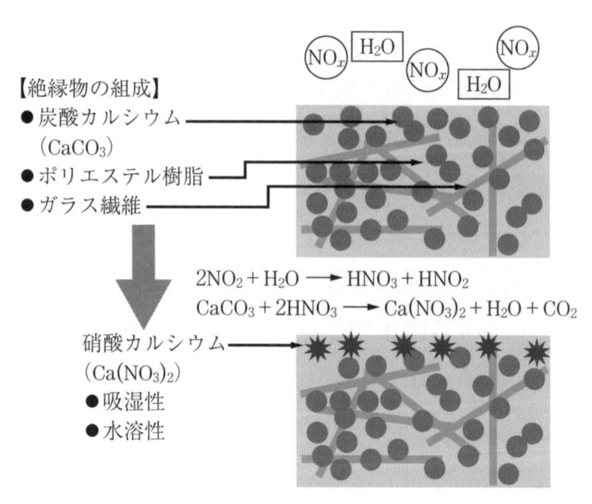

図 3.54　ポリエステル樹脂の劣化メカニズム

電部接触面では，接触抵抗の増大が故障につながることが多い。導電部接触面は気中に暴露されており，接触抵抗の増大を防ぐため，銀めっきされた接触面に導電性グリースが塗布されている。このため接触面は銀めっきがなされているので，動作回数が少ない場合に塩化銀などの絶縁性被膜が生成し，接触抵抗が増大する。また，接触面に塗布した導電性グリースの蒸発または流失，絶縁性被膜の生成により，接触面のしゅう動抵抗が増大し，最終的には不動作や不完全投入に至る場合がある。

（c）　**機構部劣化**　　断路器および遮断器あるいはその操作機構や，出し入れ機構などの機械的動作部分において，開閉動作による主回路，制御回路接点および機構の磨耗，振動や偏荷重による軸の磨耗により劣化に至るものと，グリース類が経年で固化し，摩擦係数が増大し，動作不能や接触不良，あるいは損傷として顕在化する。

3.5.3　遮断器および配電盤の現場における劣化診断技術

〔1〕　配電盤の劣化診断技術

配電盤の劣化診断は，一つの診断方法だけでなく，複数の診断方法を用いて実施される。その測定結果からデータの傾向（トレンド）を把握し分析することで，わずかな特性の変化を捉えることができる。配電盤内部の主回路に接触不良，接続不良などが発生すると局部過熱が発生する。赤外線カメラにより金属容器表面の温度から局部過熱を検出する方法が活用されている。その他の診断手法として，温度・湿度，塩分付着量，腐食性ガスの測定を行い，劣化度を推定する方法もある。

配電盤の寿命判定は，その対象は主回路機器・部品を除けば絶縁物および制御関連に絞り込むことができる。以下に，絶縁物および制御関係の余寿命推定について述べる。

（a） **絶縁物の余寿命推定技術**　絶縁物の劣化プロセスから劣化メカニズムを整理し，各種絶縁物に対して電気的分析による余寿命推定技術および化学的分析による余寿命推定技術がある。この一つとしてMT（マハラノビス・タグチ）法があるが，本手法は遮断器の絶縁フレームの絶縁劣化診断手法の一つである。診断対象の絶縁材料の状態や表面状態を① イオン付着量測定，② 色彩測定を停電時に実施し，周囲環境の温湿度などを含めてMT法と呼ばれる品質工学の一手法により分析し，正常値からの乖離（かいり）度を求めることで，診断対象の劣化度を判断するものである。

（b） **制御関係の寿命判定**　制御関係は，保護継電器，計測器，スイッチ類，端子台，制御電線など非常に多くの種類の機器・部品が含まれる。制御電線被覆が各種の劣化に伴って，電線表面の光の反射・減衰特性が変化することを利用することで，破断強度を推定する劣化診断があるが，余寿命推定技術は，ほとんど確立されていない。

〔2〕 **遮断器の劣化診断技術**

（a） **真空バルブの接点消耗の測定**　真空バルブの接点消耗は，消耗目安線の目視確認か，真空遮断器（VCB）圧接機構のワイプ†を測定し，管理する。

（b） **真空遮断器の開閉回数の管理**　真空遮断器の設計開閉寿命は，電気

† VCBでは接点に接触圧を与えるため，真空バルブの外部に圧接ばねを装備している。このばねの圧接量をワイプという。接点が消耗するとワイプ量が減少するので，これを測定することにより接点消耗の傾向管理が可能である。

的 10 000 回，機械的 10 000 回で（JEC-2300 による），使用回数と使用頻度に応じて真空バルブの管理をする必要がある。

真空バルブの製法の特徴，外観などの変遷を**表 3.5** に示すが，初期の真空バルブの容器はガラス材を使用している。メタルライズされたガラス材に封着金属を溶接して真空をシールしていた。このため，環境要因に起因した腐食による真空度低下のトラブルが発生している。現在，真空バルブは各メーカとも耐久性，耐食性の優れた材料を選定し，信頼性の向上を図っているので通常の環境で劣化をきたすことはない。しかし，悪環境条件によっては真空容器の腐食によって真空漏れをきたすことがあるため，定期的に真空度の管理を行うことが必要である。

表 3.5　真空バルブの製法，特徴，外観[28)]

シール方法	溶接（Tig）	溶接（Tig）	真空炉中ろう付け
脱ガス作業	大気中～低真空 約 400 ℃，加熱	大気中～低真空 約 600 ℃，加熱	真空炉中 約 800 ℃，加熱
弱点部位	溶接部 排気パイプシール	溶接部 排気パイプシール	——
組　立	大気中	大気中	真空炉中
バルブ内真空引 バルブの寿命 更新推奨時期	排気パイプ 15～20 年 15～20 年	排気パイプ 20 年 20 年	バルブ全体炉中 20 年 20 年
バルブの 外観	排気パイプ 	排気パイプ 	

真空度の測定には「耐電圧試験法」と「マグネトロン法」があり，そのうちマグネトロン法は高真空領域の真空度を正確に測定するための方法で，通常メーカで製品出荷前の測定に使用されている。測定器の規模が大きくなるので，現場では測定できない。耐電圧試験法は真空が低下した領域の検査に用いられる方法であり，簡便な試験器（耐電圧チェッカーまたは真空チェッカー）で測定できる。

その他，配電盤で紹介した絶縁部の余寿命推定技術と同様に絶縁物の劣化プロセスから劣化メカニズムを整理し，各種絶縁物に対し化学的分析による余寿命推定技術がある。

コラム 3.5 清掃が一番のトラブル防止の特効薬

定期点検で絶縁材料やがいしの清掃で塵埃や塩分を除去することは，絶縁性能の向上にきわめて有効である（**図**参照）。安易に定期点検の周期を延ばすべきではなく，その場所の環境状態に応じて決定する必要がある。磁器がいしの場合は，電気設備の清掃の効果例に示すように，塵挨や塩分の拭取りで絶縁の回復は可能である。ただし，有機絶縁物の場合は，絶縁物表面だけでなく内部にも酸化物質の生成物が発生しているため，アルコール水溶液（アルコール50%，水50%）による拭取りで一時的な延命はできるものの，その後，速やかに更新する必要がある。

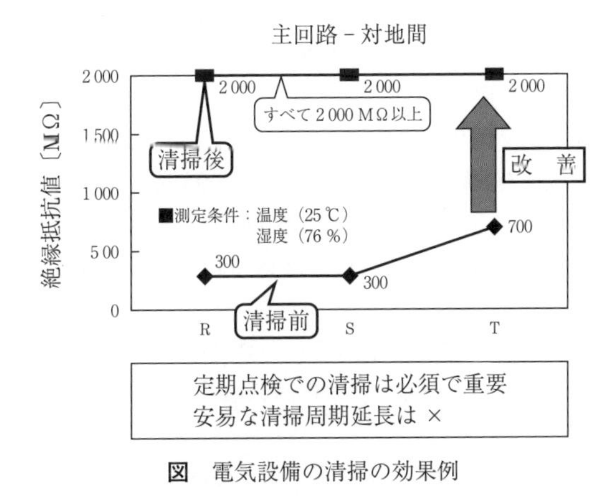

図 電気設備の清掃の効果例

引用・参考文献

【1 章】

1) 電力システムにおける機器共通の高電圧絶縁技術調査専門委員会：電力機器・絶縁材料の横断的評価と共通技術の体系化, 電気学会技術報告, 第 945 号（2003）
2) 最新の実用材料を使用した電力機器における絶縁診断技術調査専門委員会：電力機器・設備における実用化されている絶縁材料と最新の診断技術, 電気学会技術報告, 第 1504 号（2021）
3) 液体中の伝導・破壊現象調査専門委員会：液体中の伝導と破壊, 電気学会技術報告, 第 242 号（1987）
4) 電気学会放電ハンドブック出版委員会編：放電ハンドブック, オーム社（1998）
5) 電力設備の絶縁材料から見た劣化診断技術調査専門委員会：電力設備の絶縁材料と劣化診断技術, 電気学会技術報告, 第 1245 号（2012）
6) 日本電線工業会：高圧 CV ケーブルの保守・点検指針, 技資第 116 号（2012）
7) 電気学会・技術伝承を目的とした電力設備の絶縁診断技術調査専門委員会編：電力機器・設備の絶縁診断技術, オーム社（2015）
8) 三木伸介, 岡澤　周, 長谷川武敏, 角田　誠, 犬島　浩：受配電設備絶縁物の余寿命診断技術, 電学論 B, Vol.127, No.7, pp.863-869（2007）
9) 絶縁材料微小放電劣化診断調査専門委員会：部分放電劣化, 電気学会技術報告, 第 164 号（1984）
10) 電力ケーブルシステムの部分放電測定調査専門委員会：電力ケーブルシステムの部分放電測定技術, 電気学会技術報告, 第 695 号（1998）
11) ガス絶縁機器における部分放電現象と検知技術調査専門委員会：ガス絶縁機器における部分放電現象と検知技術の最新動向, 電気学会技術報告, 第 982 号（2004）
12) 電気的・音響的手法による変圧器の最新異常診断技術調査専門委員会：電気的・音響的手法による変圧器の異常診断技術の最新動向, 電気学会技術報告, 第 1336 号（2015）
13) ケーブル・電気機器のオンライン計測による絶縁劣化診断調査専門委員会：ケーブル・電気機器のオンライン診断技術, 電気学会技術報告, 第 1064 号（2006）

【2章】

1) 独立行政法人製品評価技術基盤機構（NITE）：平成27年度に発生した事故詳報に関する報告〈自家用電気工作物の破損等による波及事故〉，平成30年2月20日
2) 絶縁材料の劣化と機器ケーブルの絶縁劣化判定調査専門委員会：絶縁材料の劣化と機器･ケーブルの絶縁劣化判定の実態，電気学会技術報告，第752号（2000）
3) 速水敏幸：高圧CVケーブルの直流漏れ電流を中心にした絶縁劣化診断法，電気学会誘電・絶縁材料研資，DEI-91-20（1991）
4) 八木幸弘，田中秀郎，武藤秀二，木村人司：損失電流高調波成分によるCVケーブル劣化診断法の検討，電学論B，Vol.119, No.4, pp.438-444（1999）
5) 中部電力株式会社：技術開発ニュース，No.121（2006-7）
6) 宮島和久，内田克己，今　博之，渡辺和夫：CVケーブルの新規残留電荷測定法による劣化診断（その2），フジクラ技報，第102号，pp.26-30（2002）
7) 大高　巌，冨樫浩孝，坂本　中：残留電荷法による22 kV CVケーブル劣化診断，三菱電線工業時報，第98号，pp.55-62（2001）
8) 末長清佳，榊原崇志：IRC法による電力ケーブル診断技術の現場適用（診断実績の整理と課題の抽出)」，平成29年電気学会電力・エネルギー部門大会論文集，No.42（2017）
9) 電気学会・技術伝承を目的とした電力設備の絶縁診断技術調査専門委員会編：電力機器・設備の絶縁診断技術，オーム社（2015）
10) フジクラ・ダイヤケーブル株式会社カタログ：https://www.fujikura-dia.co.jp/products/l_insulation/lissa-100.php（2022年5月現在）
11) 須崎嘉樹，中村　脩，河内二三夫，山岡正佳，西村　武，栗山忠士：配電用中型変圧器に適した劣化診断法の開発，電学論B，Vol.115，No.10，pp.1154-1161（1995）
12) 宮城克徳，佐野貴弘：FRAによる変圧器診断手法に関する検討，平成18年電気学会全国大会講演論文集，No.5-203（2006）
13) 幡野　浩，大高　徹：タービン発電機固定子コイル絶縁の技術動向，電学誌，Vol.126, No.11, pp.720-722（2006）
14) Megger：A Stitch in Time, The Complete Guide to Electrical Insulation Testing（2017）
15) 末長清佳：発電機・電動機のオンライン部分放電測定技術，電気学会研究会，DEI-04-54，EWC-04-4（2004）
16) 産業用電気設備更新技術に関する調査専門委員会編：産業用電気設備更新の考

え方と進め方，電気学会技術報告，第 940 号（2003）
17） ガス絶縁開閉装置の保全高度化専門委員会：ガス絶縁開閉装置の保全高度化，電気協同研究，Vol.70，No.2（2014）
18） ガス絶縁開閉装置仕様・保守基準専門委員会：ガス絶縁開閉装置仕様・保守基準，電気協同研究，Vol.52，No.1（1996）
19） Doble 社カタログ
20） 小迫雅裕：ガス絶縁開閉装置内の超音波および電磁波伝搬特性に基づいた絶縁診断技術に関する研究，九州工業大学博士学位論文，工博甲第 180 号（2002）
21） 東栄電気工業株式会社カタログ
22） JFE アドバンテック株式会社カタログ
23） 丹波　登：空気中の超音波による計測と制御，計測と制御，Vol.3，No.7（1964）
24） OFIL 社カタログ
25） 日新電機株式会社カタログ，HVPD 社カタログ，Megger 社カタログ

【3章】

1） 江藤計介：自家用電気設備の診断と予防保全（1），電気技術者，Vol.54，No.7，日本電気技術者協会（2008）
2） 江藤計介：電気設備の劣化診断と寿命判定（変圧器・配電盤・遮断器編），電気技術者，Vol.55，No.11，日本電気技術者協会（2009）
3） 江藤計介：電気設備の劣化診断と寿命判定（ケーブル・電動機編），電気技術者，Vol.56，No.5，日本電気技術者協会（2010）
4） 江藤計介：電気設備のトラブル事例と劣化診断についての Q&A（変圧編，配電盤編，真空遮断器編，高圧ケーブル編，高圧電動機編），電気技術者，Vol.62，No.1，日本電気技術者協会（2016）
5） 江藤計介：電気設備の起動時・自然災害・小動物侵入のトラブル事例とその対策，電気技術者，Vol.63，No.8，日本電気技術者協会（2017）
6） 江藤計介：電気設備の経年劣化によるトラブル事例と対策・ポイント，電気技術者，Vol.64，No.1，日本電気技術者協会（2018）
7） 最新の実用材料を使用した電力機器における絶縁診断技術調査専門委員会：電力機器・設備において実用化されている絶縁材料と最新の診断技術，電気学会技術報告，第 1504 号（2021）
8） 日本電線工業会：高圧 CV ケーブルの保守・点検指針，技資第 116 号（2012）
9） 電力設備の絶縁材料から見た劣化診断技術調査専門委員会：電力設備の絶縁材料と劣化診断技術，電気学会技術報告，第 1245 号（2012）
10） 工場電気設備におけるプロアクティブ保全技術調査専門委員会：工場電気設備

保全へのプロアクティブ手法の活用，電気学会技術報告，第 1424 号（2018）
11） 森本　希，松井俊道：CV ケーブル用接続部の経年異常事象，平成 18 年電気学会全国大会講演論文集，No.7-S13-5（2006）
12） 地中配電用ケーブルの信頼性向上調査専門委員会：地中配電ケーブルの信頼性向上技術，電気学会技術報告 2 部，第 404 号（1992）
13） 江藤計介：高圧ケーブルの監視診断ネットワークシステム，電気学会産業電力電気応用研究会，IEA-01-03（2001）
14） 江藤計介，小宮満明，志水善国：直流重畳法による 11 kV ケーブルの検出，平成 28 年電気学会全国大会講演論文集，No.2-015（2016）
15） 電気協同研究会：電力用変圧器改修ガイドライン，電気協同研究，Vol.65，No.1（2009）
16） 宮本晃男：運転中油入変圧器の寿命診断技術，電気学会研究会，GID-98-5（1998）
17） 江藤計介：回転機の固定子巻線の劣化に伴う損傷事例と損傷メカニズム，検知方法，第 44 回石油・石油化学討論会（旭川大会）（2014）
18） 電力設備の絶縁余寿命推定法調査専門委員会：電力設備の絶縁余寿命推定法，電気学会技術報告，第 502 号（1994）
19） 河村達雄，田中祀捷 編：電力設備の診断技術（改訂版），電気学会（2003）
20） SF_6 ガス絶縁機器保守基準専門委員会：SF_6 ガス絶縁機器保守基準，電気協同研究，Vol.33，No.4（1977）
21） 渡辺尚利，伊豆田明宏:電動機の余寿命診断の効果と運用，新電気，オーム社（2006）
22） 電気協同研究会：密閉形変電設備の劣化保全技術高度化，電気協同研究，Vol.61，No.3（2006）
23） 電気協同研究会：変電設備の点検合理化，電気協同研究，Vol.56，No.2（2000）
24） 電気設備診断・更新技術調査専門委員会：電気設備診断・更新技術に関する調査報告，電気学会技術報告（Ⅱ部）第 376 号（1991）
25） 三菱電機株式会社：三菱高圧真空遮断器〈更新のおすすめ〉（2012）
26） 設備診断更新技術調査専門委員会：工場電気設備の診断・更新技術，電気学会技術報告，第 831 号（2001）
27） 三木伸介，岡澤　周，犬島　浩：化学的分析とマハラノビス・タグチ（MT）法の適用による遮断器用絶縁物の劣化評価，電学論 B，Vol.127，No.9，pp. 1033-1040（2007）
28） 産業用電気設備更新技術に関する調査専門委員会：産業用電気設備更新の考え方と進め方，電気学会技術報告，第 940 号（2003）
29） 富士電機株式会社ホームページ　高圧受配電機器事故事例　真空無遮断器（VCB）のトラッキングによる相間短絡

索　　引

【あ】

アスファルトコンパウンド絶縁　81, 135
アセチレン　40
アレニウスの式　17

【い】

位相特性　36
一酸化炭素　41

【え】

エステル油　9
エタン　40
エチレン　40
エポキシ含浸絶縁　81, 135
エポキシ樹脂　11, 12

【お】

オゾン　25
オフライン診断　42
オンライン診断　42
オンライン絶縁診断　115

【か】

外導水トリー　21
開閉サージ　4
化学トリー　108
かご形誘導電動機　88
ガスクロマトグラフ　68
ガス絶縁開閉装置　7
ガスパターンによる診断　124
過渡接地電圧　38, 71
可燃性ガス総量　41
ガラス繊維強化プラスチック　12
環境的劣化　18
乾式架橋　45

【き】

機械的劣化　16
気泡的破壊　15
吸収電流　2
橋絡水トリー　21

【く】

空間電荷　2, 3
グリースの固着　152
群小部分放電　24

【け】

ケーブルの寿命　116
原子分極　2
検出インピーダンス　35

【こ】

高周波 CT　35, 71
合成ゴム　11
交流重畳法　57
交流電流　28, 33
交流電流試験　83, 138
故障点標定　62
コルゲートケーブル　46
コロナ放電　14, 15

【さ】

酸化度　68
残留電荷　51
残留電荷法　53

【し】

磁　器　10
湿式架橋　45
遮水層付きケーブル　46
遮蔽銅テープ　106, 112
重合度　71
充電電流　31, 32
周波数応答解析　73
シュリンクバック　49, 107
循環電流による過熱　124
瞬時電流　2
純熱的過程　15
硝　酸　136
焼　成　62
食　害　109
シリコーン油　9
真空加圧含浸　76
真空遮断器　148
真空絶縁　7
真空電磁接触器　148
真空バルブ　155

【す】

水　素　40
水　分　124
ストリーマ　14
スロット放電　129

【せ】

成極指数　30, 80
静電容量試験　138
絶縁紙　10
絶縁スペーサ　91, 143
絶縁特性試験法　27
絶縁破壊　1, 13, 118
絶縁破壊電圧　7, 122
絶縁物の余寿命推定技術　155
絶縁油　8, 121
接触抵抗　110
接触不良　124
線形 SVM による様相診断方法　125
全酸価　68, 124
全路破壊　8

【そ】
層間短絡　123
側帯波　131
損失電流　31, 53

【た】
体積抵抗率　124
耐電圧試験法　27
多重接地抵抗計　59
炭酸カルシウム　148
単心ケーブル　107
弾性波　72

【ち】
超音波　97
直流重畳法　58
直流特性試験　138
直流ブリッジ法　58
直流漏れ電流　28, 30, 51, 113

【て】
抵抗率　3
テープシールド方式　46
電気的劣化　16
電気トリー　3, 19
電気・機械的過程　15
電子的過程　15
電子的破壊　15
電磁波　35, 99
電子分極　2
電流急増電圧　34, 83
電流スペクトル診断　130
電流増加率　34, 83

【と】
等価過熱面積を用いた診断方法　125
特定ガスによる診断　125
トラッキング　18, 22, 108
トリプルジャンクション　26
トリプレックスケーブル　107
トレンド分析による様相診断　125

【な】
内導水トリー　21
ナフテン系油　8

【に】
二酸化炭素　41

【ね】
熱的劣化　17

【は】
配向分極　2
バー切れ　88, 131
パッシェン曲線　5
パラフィン系油　8
半導電層　12, 109

【ひ】
引張強度　41
火花放電　4, 7
比誘電率　3
表面抵抗　28, 29

【ふ】
フェノール樹脂　11
複合絶縁材料　11
ブッシングタップ　71
部分放電　8, 23, 28, 34
部分放電試験　138
フラッシオーバ　4
フルフラール　42
プレスボード　10
分解ガス　28, 40
分解ガスセンサ　93

【へ】
平均重合度　42, 125
変位分極　2

【ほ】
ボイド放電　23, 36, 37
ボウタイ状水トリー　21
放電電流　31
ポリアミドイミド　11
ポリイミド　11
ポリエステル樹脂　153
ポリエチレン　11
ポリ塩化ビニル　11
ポリ塩化ビフェニル　9

【ま】
マイカ　9, 10
マイカテープ　12
マレーループ法　62

【み】
未橋絡水トリー　21
水トリー　21, 105
密閉形機器　123

【む】
無電圧タップ切替器　118

【め】
メタン　40

【も】
漏れ電流　2, 31, 114, 138

【ゆ】
誘電吸収率　80
誘電正接　3, 28, 32, 33, 138
誘電分極　2
油浸絶縁　13
油浸絶縁紙　122
油中ガス　28, 40
油中ガス分析　124

【よ】
様相診断　124

【ら】
ラミネート紙　12

【れ】
レジンリッチ　76

【わ】
ワイヤシールド方式　46

【A】

AE センサ 35, 71, 93
AR 80
ARM 法 64

【C】

CBM 42
C-GIS 90
CO 41
CO_2 41
CV ケーブル 11

【D】

DFR 75

【E】

E–E タイプ 47
E-T タイプ 48

【F】

FDTD 101
FRA 74

【G】

GCB 140
GIS 7, 142

【H】

HF 40

【I】

IRC 法 55

【M】

MCSA 88

【N】

NO_x 25

【O】

O_3 137, 147

【P】

PD パターン 38
PI 31, 80
PRPD 60

【S】

SF_4 40
SF_6 5, 7, 40
SO_2 40

【T】

$\tan\delta$ 33, 56, 81
TBM 42
TCG 41
TDR 法 63
TEAM ストレス 77
TEV 38, 71
TF マッピング 89
T–T タイプ 47

【U】

UHF 71
UHF 法 92

【V】

VLF–$\tan\delta$ 法 56
VCB 148
VMC 148
VPI 76

【X】

XLPE ケーブル 44

【ギリシャ文字】

ΔI 34

——著 者 略 歴——

江原　由泰（えはら　よしやす）
1979 年　群馬大学工学部合成化学科卒業
1980 年　三恵技研工業株式会社勤務
1984 年　武蔵工業大学（現 東京都市大学）技術員
1996 年　博士(工学)(武蔵工業大学)
1998 年　武蔵工業大学講師
2002 年　武蔵工業大学助教授
2002 年
～03 年　Ford Research Laboratory 客員研究員
2012 年　東京都市大学教授
2022 年　東京都市大学名誉教授

江藤　計介（えとう　けいすけ）
1974 年　出光興産株式会社入社
1993 年～
2004 年　出光興産株式会社徳山工場 電気主任技術者
2006 年　出光興産株式会社設備管理センター 電気分野上席主任部員
2014 年　出光興産株式会社生産技術センター 電気分野シニアエンジニア
　　　　現在に至る
【資格】技術士（電気電子），IEEJ プロフェッショナル
電気主任技術者時代は電気ユーザー会である山口県電力協議会技術部会委員長などを歴任し全国の電気関係ユーザー会と連携し電気主任技術者の育成や保安技術向上のための啓蒙をしている。
本社勤務時代は社内各事業所の電気技術の向上に努めた。社外では電気学会技術調査専門委員会活動や日本電気協会での講演を数多く行い，国内の電気保安技術向上に努めている。

末長　清佳（すえなが　きよか）
1976 年　川崎製鉄株式会社（現 JFE スチール株式会社）入社
2007 年
～15 年　JFE スチール株式会社西日本製鉄所(倉敷地区)電気主任技術者
2015 年　一般社団法人電気学会プロフェッショナル認定
2021 年　一般社団法人電気科学技術アカデミー代表理事
　　　　現在に至る
JFE スチール勤務時代は，受変電設備や発電設備の建設から保守・運用まで幅広く担い，海外の診断技術導入や，診断装置の開発も積極的に展開してきた。
退職後は，老朽化が進む電気設備と格闘する若い電気技術者を側面支援するべく電気科学技術アカデミーを創設し，絶滅危惧種と揶揄される電気技術者の保護活動に力を注いでいる。

電気設備の絶縁診断入門

Introduction to Insulation Diagnosis of Electrical Equipment

© Yoshiyasu Ehara, Keisuke Etoh, Kiyoka Suenaga 2022

2022 年 11 月 15 日　初版第 1 刷発行
2023 年 9 月 5 日　初版第 2 刷発行

検印省略

著　者　江　原　由　泰
　　　　江　藤　計　介
　　　　末　長　清　佳
発行者　株式会社　コロナ社
　　　　代表者　牛来真也
印刷所　新日本印刷株式会社
製本所　有限会社　愛千製本所

112-0011　東京都文京区千石 4-46-10
発行所　株式会社　**コロナ社**
CORONA PUBLISHING CO., LTD.
Tokyo Japan
振替 00140-8-14844・電話(03)3941-3131(代)
ホームページ　https://www.coronasha.co.jp

ISBN 978-4-339-00985-9　C3054　Printed in Japan　(齋藤)

JCOPY <出版者著作権管理機構 委託出版物>
本書の無断複製は著作権法上での例外を除き禁じられています。複製される場合は，そのつど事前に，出版者著作権管理機構（電話 03-5244-5088，FAX 03-5244-5089，e-mail: info@jcopy.or.jp）の許諾を得てください。

本書のコピー，スキャン，デジタル化等の無断複製・転載は著作権法上での例外を除き禁じられています。購入者以外の第三者による本書の電子データ化及び電子書籍化は，いかなる場合も認めていません。
落丁・乱丁はお取替えいたします。

改訂 電気鉄道ハンドブック

電気鉄道ハンドブック編集委員会 編
B5判／1,024頁／本体32,000円／上製・箱入り

監修代表：持永芳文（津田電気計器(株)）
監　　修：曽根　悟（工学院大学），木俣政孝（(一社)日本鉄道車両機械技術協会），
望月　旭（元 日本国有鉄道）　　（編集委員会発足時）

電気鉄道の技術はもちろん，営業サービスや海外事情といった広範囲にわたる関連領域の内容も網羅した関係者必携のハンドブック。改訂にあたり，技術内容や規格類の更新をし，さらに日本の技術を海外展開するための知識を充実させた。

【目　次】

1章　総　論
電気鉄道の歴史と電気方式／電気鉄道の社会的特性／鉄道の安全性と信頼性／電気鉄道と環境／鉄道事業制度と関連法規／鉄道システムにおける境界技術／海外の主要鉄道／電気鉄道における今後の動向
2章　線路・構造物
線路一般／軌道構造／曲線／軌道管理／軌道と列車速度／脱線／構造物／停車場・車両基地／防災と列車防護
3章　電気車の性能と制御
鉄道車両の種類と変遷／車両性能と定格／直流電気車の速度制御／交流電気車の制御／ブレーキ制御
4章　電気車の機器と構成
電気車の主回路構成と機器／補助回路と補助電源／車両情報・制御システム／車体／台車と駆動装置／車両の運動／車両と列車編成／高速鉄道（新幹線）／電気機関車／電源搭載式電気車両／車両の保守／環境と車両
5章　列車運転
運転性能／信号システムと運転／運転間隔／運転時間・余裕時間／列車群計画／運転取扱い／運転整理／運行管理システム
6章　集電システム
集電システム一般／カテナリ式電車線の構成／カテナリ式電車線の特性／サードレール・剛体電車線／架線とパンタグラフの相互作用／高速化／集電系騒音／電車線の計測／電車線路の保全
7章　電力供給方式
電気方式／直流き電回路／直流き電用変電所／交流き電回路／交流き電用変電所／帰線と誘導障害／絶縁協調／電源との協調／電灯・電力設備／電力系統制御システム／変電設備の耐震性／変電所の保全
8章　信号保安システム
信号システム一般／列車検知／間隔制御／進路制御／踏切保安装置／信号用電源・信号ケーブル／信号回路のEMC/EMI／信頼性評価／信号設備の保全／新しい列車制御システム
9章　鉄道通信
鉄道と通信網／鉄道における移動無線通信
10章　営業サービス
旅客営業制度／アクセス・乗継ぎ・イグレス／旅客案内／貨物関係情報システム
11章　都市交通システム
都市交通システムの体系と特徴／路面電車の発展とLRT／ゴムタイヤ都市交通システム／リニアモータ式都市交通システム／ロープ駆動システム・急勾配システム／無軌条交通システム／その他の交通システム（電気自動車）
12章　磁気浮上式鉄道
磁気浮上式鉄道の種類と特徴／超電導磁気浮上式鉄道／常電導磁気浮上式鉄道
13章　海外の電気鉄道
日本の鉄道の位置付け／海外の注目すべき技術とサービス／電気車の特徴／電力供給方式／列車制御システム／貨物鉄道
14章　海外展開に必要な技術
海外展開に向けて／施設と設備／鉄道車両の特徴／き電方式／集電システム／信号システム／関係する国際規格

定価は本体価格+税です。
定価は変更されることがありますのでご了承下さい。

図書目録進呈◆

電気・電子系教科書シリーズ

(各巻A5判)

■編集委員長　高橋　寛
■幹　　　事　湯田幸八
■編 集 委 員　江間　敏・竹下鉄夫・多田泰芳
　　　　　　　中澤達夫・西山明彦

	配本順	書名	著者	頁	本体
1.	(16回)	電気基礎	柴田尚志・皆藤新一 共著	252	3000円
2.	(14回)	電磁気学	多田泰芳・柴田尚志 共著	304	3600円
3.	(21回)	電気回路Ⅰ	柴田尚志 著	248	3000円
4.	(3回)	電気回路Ⅱ	遠藤勲・鈴木靖 共著	208	2600円
5.	(29回)	電気・電子計測工学(改訂版) —新SI対応—	吉澤昌純 編著／降矢典雄・福田恵子・吉村拓巳・高﨑和之・西山明彦 共著	222	2800円
6.	(8回)	制御工学	下西二郎・奥平鎮正 共著	216	2600円
7.	(18回)	ディジタル制御	青木立・西堀俊幸 共著	202	2500円
8.	(25回)	ロボット工学	白水俊次 著	240	3000円
9.	(1回)	電子工学基礎	中澤達夫・藤原勝幸 共著	174	2200円
10.	(6回)	半導体工学	渡辺英夫 著	160	2000円
11.	(15回)	電気・電子材料	中澤・藤原・押田・服部・森山 共著	208	2500円
12.	(13回)	電子回路	須田健二・土田英一 共著	238	2800円
13.	(2回)	ディジタル回路	伊原充博・若海弘夫・吉澤昌純 共著	240	2800円
14.	(11回)	情報リテラシー入門	室賀進也・山下巌 共著	176	2200円
15.	(19回)	C++プログラミング入門	湯田幸八 著	256	2800円
16.	(22回)	マイクロコンピュータ制御プログラミング入門	柚賀正光・千代谷慶 共著	244	3000円
17.	(17回)	計算機システム(改訂版)	春日健・舘泉雄治 共著	240	2800円
18.	(10回)	アルゴリズムとデータ構造	湯田幸八・伊原充博 共著	252	3000円
19.	(7回)	電気機器工学	前田勉・新谷邦弘 共著	222	2700円
20.	(31回)	パワーエレクトロニクス(改訂版)	江間敏・高橋勲 共著	232	2600円
21.	(28回)	電力工学(改訂版)	江間敏・甲斐隆章 共著	296	3000円
22.	(30回)	情報理論(改訂版)	三木成彦・吉川英機 共著	214	2600円
23.	(26回)	通信工学	竹下鉄夫・吉川英機 共著	198	2500円
24.	(24回)	電波工学	松田豊稔・宮田克正・南部幸久 共著	238	2800円
25.	(23回)	情報通信システム(改訂版)	岡田正・桑原裕史 共著	206	2500円
26.	(20回)	高電圧工学	植月唯夫・松原孝史・箕田充志 共著	216	2800円

定価は本体価格+税です。
定価は変更されることがありますのでご了承下さい。

図書目録進呈◆